鸿鹄文库

数据-模型混合驱动的电力负荷预测与热电联产系统优化调度研究

庞新富　王黎明　著

SHUJU-MOXING HUNHE QUDONG DE DIANLI FUHE YUCE YU REDIAN LIANCHAN XITONG YOUHUA DIAODU YANJIU

哈爾濱工業大學出版社
HARBIN INSTITUTE OF TECHNOLOGY PRESS

图书在版编目(CIP)数据

数据一模型混合驱动的电力负荷预测与热电联产系统优化调度研究/庞新富,王黎明著.—哈尔滨:哈尔滨工业大学出版社,2023.3

ISBN 978-7-5767-0193-7

Ⅰ.①数… Ⅱ.①庞…②王… Ⅲ.①电力负荷—预测—研究 ②热电厂—电力系统调发—研究 Ⅳ.①TM714 ②TM621.4

中国国家版本馆 CIP 数据核字(2023)第 012364 号

数据一模型混合驱动的电力负荷预测与热电联产系统优化调度研究

SHUJU—MOXING HUNHE QUDONG DE DIANLI FUHE YUCE YU REDIANLIANCHAN XITONG YOUHUA DIAODU YANJIU

策划编辑 李艳文 范业婷

责任编辑 李长波 惠 晗

出版发行 哈尔滨工业大学出版社

社 址 哈尔滨市南岗区复华四道街 10 号 邮编 150006

传 真 0451-86414749

网 址 http://hitpress.hit.edu.cn

印 刷 哈尔滨圣铂印刷有限公司

开 本 787 mm×1 092 mm 1/16 印张 9.25 字数 154 千字

版 次 2023 年 3 月第 1 版 2023 年 3 月第 1 次印刷

书 号 ISBN 978-7-5767-0193-7

定 价 58.00 元

前　言

近年来，随着化石燃料不断减少以及环境问题日益严重，人类急需寻找可再生的能源来代替传统的化石能源。风能凭借其技术的成熟性和发电的稳定性得到了快速的发展。我国风电的弃风率虽然逐年在减少，但在北方地区，弃风现象依旧十分严峻。北方地区的热电机组多采用“以热定电”的工作模式，此地区夜间风电的上网空间有限，风电很难得到有效的利用。传统的解决方案是在系统中单一地加入储热装置或电锅炉来减少弃风现象的发生，而储热装置和电锅炉又受设备本身功率的限制，故此方案消纳弃风的能力有限，在某些情况下并不能够完全地消纳风电。

同时，从负荷侧视角来看，准确的中短期负荷预测是电力部门调配电力资源、电力公司制订合理销售计划的前提。随着智能电网的不断发展，电力企业积累的大量数据为精确的负荷预测提供了数据基础。传统的中期负荷预测方法对原始数据平稳性要求较高，而中期负荷曲线是一种典型的非平稳、非线性时间序列。并且，传统预测方法对处理具有增长性和波动转折性的二重趋势中期负荷序列表现较差且不能同时考虑多种影响因素，无法对中期负荷影响因素进行筛选。传统的短期负荷预测方法非线性映射能力有限，对未知数据的泛化能力较弱，容易存在时间序列信息的丢失问题，预测精度仍有提升空间。因此，传统的负荷预测方法不能完全适用于中短期负荷预测。

针对上述两方面的主要问题，本书开展了数据－模型混合驱动的电力负荷预测与热电联产系统优化调度研究工作。

第 2 章介绍了近年来我国风电装机容量的发展状况，指出风电装机速度与风电场建设速度不匹配以及热电联产机组“以热定电”的工作模式是造成弃风现象的主要原因。然后从抽气式机组的电热特性曲线出发，具体分析了储热装置的加入对于风电消纳的影响，并对电锅炉进行风电供热有效性分析，提出并设计了利用电锅炉和储热装置协调供热的方案。

第 3 章建立了以最小发电成本为目标的函数，以机组爬坡率、机组容量限制等为约束条件，以热电机组的电出力、热电机组的热出力、火电机组的电出力、电锅炉在各个时刻的出力、储热装置热量变化量为决策变量的热电联合系统调度模型。设计并编制了粒子群算法和改进的人工蜂群算法，包括侦察蜂、观察蜂、采蜜蜂适应值函数，蜜蜂之间的转换机制等。针对某一区域的电源结构进行了算例仿真，分别用粒子群算法和改进的人工蜂群算法对所构建的模型进行求解，并基于仿真结果进行了对比。通过仿真结果可以得出：改进的人工蜂群算法在收敛次数上、运行时间上以及发电成本上都具有更优的性能指标。

第 4 章构建了考虑发电成本和碳排放的多目标优化调度模型。通过采取非支配排序的方法来构建 Pareto 前沿面，并设计了非支配排序的算法，以距离评价指标来选择折中最优解，求解的算法同样采取改进的人工蜂群算法和粒子群算法，分析了不同迭代次数和种群规模对算法性能指标的影响。同时，采用 HV 评价指标来评价算法的收敛性。仿真结果表明：与粒子群算法相比，改进的人工蜂群算法在求多目标规划问题上也具有更优的性能指标，从而在电力系统优化调度方法上提供一定的理论参考价值。

第 5 章针对中期负荷预测问题，提出了基于最大互信息系数的随机森林中期负荷预测方法。传统中期预测方法不能同时考虑多种影响因素，无法对中期负荷影响因素进行筛选。因此，首先计算各月用电量与其关联因素的互信息；其次，根据互信息值辨识出强关联因素；然后，结合强关联因素的数据，采用随机森林算法对中期负荷进行预测；最后，以北方某市的全社会用电量数据作为实际算例，采用 Python 语言编制了上述方法的程序，与未采用关联因素辨识的方法以及支持向量机方法进行对比。

第 6 章针对短期负荷预测问题，提出了基于随机配置网络（Stochastic Configuration Networks，SCNs）的短期负荷预测方法。传统短期负荷预测方法的非线性映射能力有限，对未知数据的泛化能力较弱，预测精度仍有提升空间。因此，首先对原始数据中的缺失值进行平均数填充；其次，对气象、时间等影响因素进行编码；然后，结合编码后影响因素的数据，提出了 Bagging－SCNs 集成算法并对短期负荷进行预测；最后，以南方某市的日负荷数据作为实际算例，采用 Python 语言编制了上述方法的程序，与采用长短期记忆（Long Short-Term

Memory,LSTM)神经网络算法及单一 SCNs 算法进行对比。仿真结果表明:针对中短期负荷预测所提方法具有较高的预测精度,对负荷预测精度的提升效果显著。准确的中期负荷预测可为合理制订电网运行计划及正确地做出电力决策提供依据。准确的短期负荷预测结果可以有效保障电力系统稳定运行,降低发电设备的成本,提高电网调度的效率,可为电力生产提供科学指导。

本书第 1 章、第 2 章、第 3 章由庞新富、王黎明执笔,第 4 章、第 5 章、第 6 章由庞新富执笔,全书由庞新富统稿。

本书内容相关的研究工作得到了辽宁省自然科学基金项目(2022-MS-306)、辽宁省应用基础研究计划(2022JH2/101300134)的资助,在此表示衷心的感谢!同时,感谢沈阳工程学院学术委员会主任刘莉教授、丹麦科技大学高级研究科学家尤石、东北大学流程工业综合自动化国家重点实验室陈庆达博士给予的指导与帮助。另外,在本书的撰写过程中,作者参考了大量国内外文献资料,在此向这些文献资料的作者表示衷心感谢,对于可能遗漏的参考资料作者表示歉意。

由于作者水平有限,书中疏漏与不足在所难免,请广大读者批评指正。

作　者

2022 年 4 月

目　　录

第1章 绪　论

1.1 研究背景及意义

1.1.1 热电联产系统优化调度研究背景及意义

在农业社会时期，煤、石油、天然气等化石能源的发现与利用，极大地提高了人类劳动生产力，使人们从农耕文明迈入工业文明。200多年来，人类对传统能源的使用需求日益增加，在社会经济飞速增长的同时，也出现了化石能源枯竭、全球气候变暖等问题，对原本美丽的自然环境造成了不可逆的损伤。“双碳”战略——“碳达峰、碳中和”的提出，推动着人类由工业文明逐步走向生态文明，通过大力发展可再生能源来解决社会进步和环境保护之间的矛盾，保障人类文明和生态环境的可持续发展。近些年来，我国一直在大力发展清洁能源，倡导将多种发电技术相结合。在我国，目前比较常用的发电技术主要有风力发电、光伏发电等。利用清洁能源发电最大的好处就是不会对环境产生污染，同时还具有取之不尽、用之不竭、分布广泛、收集方便、清洁无污染的优点。在诸多清洁能源中，风能因其高利用率的特点脱颖而出，而且风电场的建设周期相对较短，对环境没有特殊要求，这使得风力发电成为目前世界上技术最成熟、应用最广泛的新能源发电技术之一。

我国风力发电技术从开发至今，凭借其得天独厚的优势高速发展。图1.1展示了2008—2020年我国风电发电量及增长趋势，其中2020年展示的为上半年数据。不难看出，我国的风电发电量一直呈高速增长态势，其发展速度远高于世界平均水平。

据能源局的最新统计数据显示，2013年我国风电新增装机容量达1 499×10^4 kW，占全球比重的46.08%，累计装机容量达7 716×10^4 kW，占全球比重的28.74%；2015年我国风电新增装机容量达到顶峰，高达3 297×10^4 kW，占全球比重的48.46%，位居世界第一；2013—2016年我国风电累计装机容量平稳增

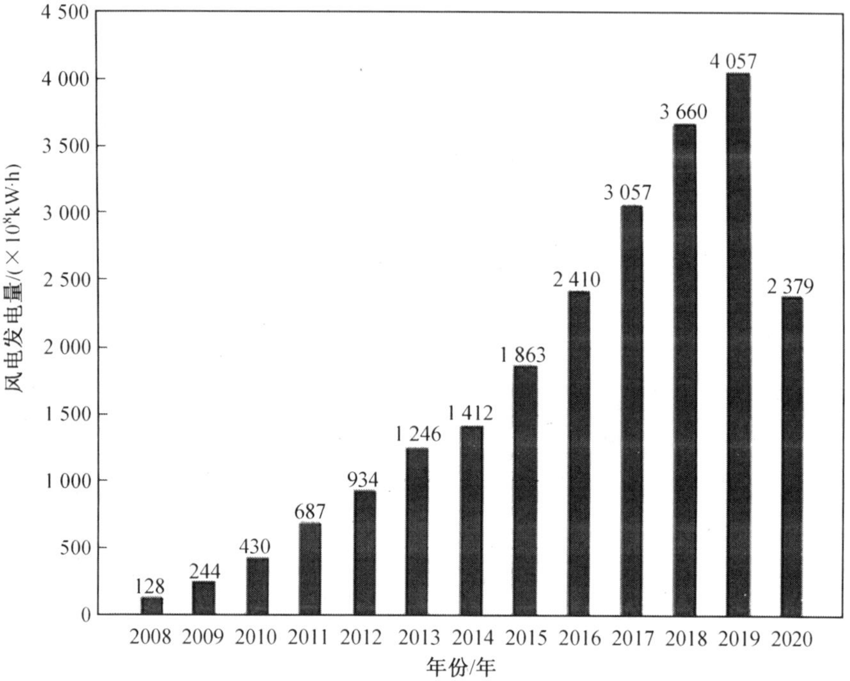

图 1.1　2008—2020 年我国风电发电量

长，2016 年我国风电累计装机容量在全球的占比进一步提高，高达 14 864×10^4 kW，占全球比重的 34.70%，我国已经成为风电装机容量最多的国家；2017 年我国风电的新增装机容量虽然有所下滑，但累计装机容量达 16 367×10^4 kW，依然位居世界前列；2018 年至今，我国风电的新增和累计装机容量都保持着增长趋势。总体来说，2013—2020 年我国风电的装机容量呈高速增长态势，其发展速度远高于世界平均水平。图 1.2(a)、图 1.2(b)详细列出了 2013—2020 年我国风电新增和累计装机容量及在全球所占比重的详细数据。

然而，在风力发电技术飞速发展的同时，风电并网消纳困难的问题也随之显现。图 1.3 展示了 2011—2019 年全国弃风电量和弃风率，从中可以看出，近十年我国风电并网弃风情况时好时坏，全国弃风量和弃风率总体呈波动状态。在 2015 年之前，各种政策的出台使得风电弃风现象有所减少，但由于社会经济的高速发展和市场因素变化的影响，2015 和 2016 年的弃风量和弃风率都忽然增加，达到了历史最高。但在 2016 年后至今，伴随着各种提高风电消纳措施的实施，全国的弃风量和弃风率开始逐年下降，这说明国家出台的各项政策和举措是

(a) 新增

(b) 累计

图 1.2 2013—2020 年我国风电新增和累计装机容量以及它们在全球所占比重

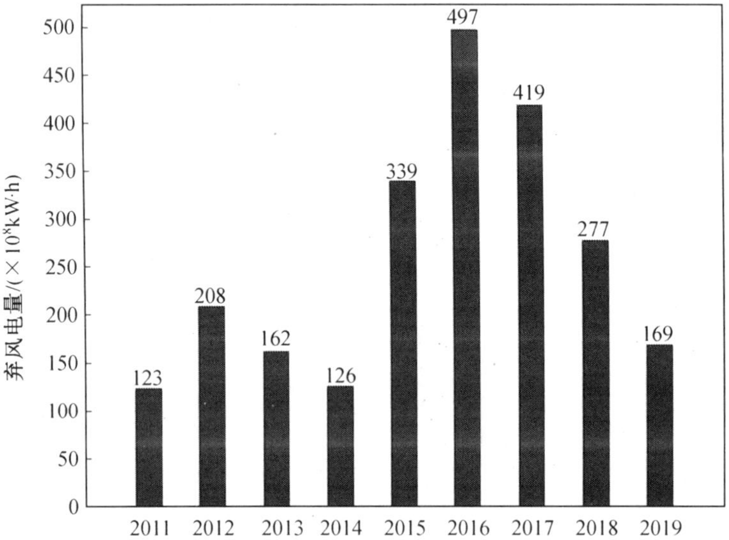

(a) 弃风电量

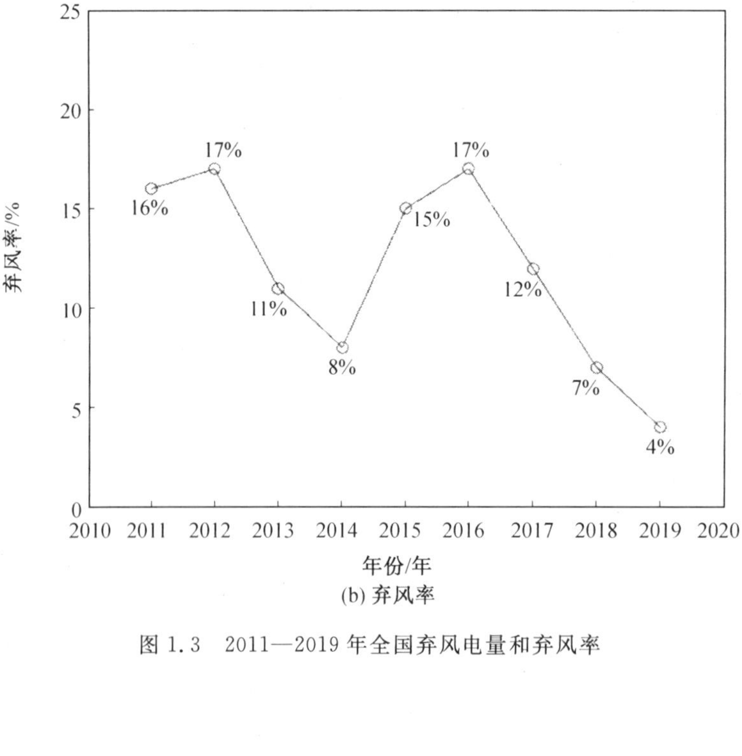

(b) 弃风率

图 1.3　2011—2019 年全国弃风电量和弃风率

非常有效的，但弃风量和弃风率依然没有达到理想的要求。随着未来风电、光伏等清洁能源发电技术的不断进步，大规模的弃风、弃光问题依然有可能出现，它不仅影响着新能源发电企业的效益，也是对清洁能源的严重浪费。因此，解决风电消纳困难导致的弃风问题是我国风电发展的必经之路，也是我国新能源发电技术的重中之重。

就我国风电装机容量的区域分布情况来看，主要集中在“三北”地区（华北、西北、东北）、东南沿海及中东部地区。由图1.4可以看出，我国的“三北”地区风电累计装机容量巨大，占全国风力发电总量的82%，风力发电量达1.39×10^8 kW，“三北”具有地区地势平坦和处于沿海位置的地理优势，其风能资源丰富，发电量巨大，但却一直陷在弃风率高、平均利用小时数低的困难之中。首要原因是当地消纳弃风的负荷不足，风能充沛的地区大多数都远离负荷中心，很难就风能完全就地消纳。其次，风电场的建设周期要远远小于电力系统中输电线路的建设周期，很多风电场发出来的电又运送不到主要的电力消耗区。此外，“三北”地区的电力系统统筹调度能力较弱，风电负荷减少时，系统无法及时响应负荷的变化，在传输功率不能越限的条件下，风电外送也比较困难，这就导致了弃风现象的出现，甚至风机停机不发电的情况也有发生。另外，由于冬天“三北”地区需要为用户提供供暖服务，有将近一半的发电机组被要求按照“以热定电”的热电联产模式强制发电。这使得发电机组在电负荷低谷时段，为满足热负荷的需求持续发电，电力系统用发电不平衡，导致风电没有足够的上网空间，被迫弃风。火力发电机组最小出力水平的提高，不仅极大地浪费了煤炭资源，对自然环境也造成了很大的污染，不符合我国节能提效的能源战略要求。因此，“三北”地区风电无法上网的问题急需解决。对热电联产系统的优化调度研究是解决弃风问题的重要手段。

此外，现有风力发电功率预测技术的准确度还有待提高。不可控的气象因素影响，导致风电出力具有波动性和随机性。当气候条件恶劣，风功率预测误差较大时，调度人员无法获取真实准确的风功率数据。可精确预测的负荷需求与不能精确预测的风电功率出现平衡矛盾，电力系统内部其他机组无法与波动变化较大的风电功率配合，为了保证系统安全为稳定运行的要求，风电上网过程中不得已选择弃风。

随着“能源革命”的不断推进，综合能源系统在各行各业崭露头角，能源转型

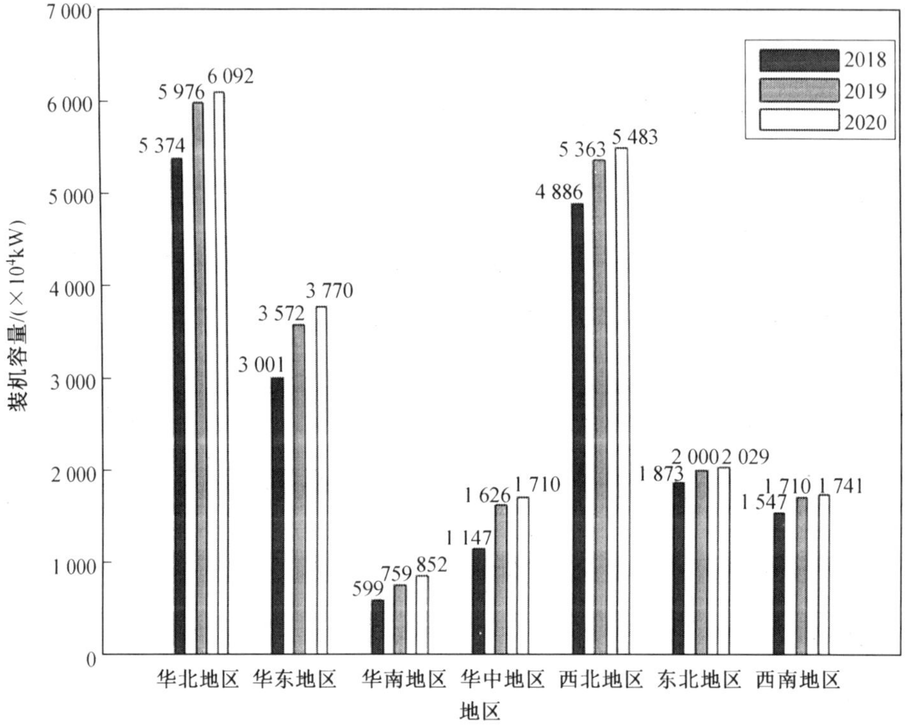

图 1.4 2018—2020 年中国风电累计装机容量按区域分析

势在必行。针对上述问题,国内外专家已经对此展开广泛深入的探讨。常用的解决方案是优化系统结构,利用电锅炉的电制热缓解热电厂的供热压力,能够在一定程度上解除热电的耦合束缚。储热装置也是减少弃风率的一种有效设备,通过改变储放热时间能够进一步解除热电束缚,从而为新能源发电机组创造消纳条件,以此来减少弃风现象的发生。

储能技术曾因其成本较高而被发电厂拒之门外,而如今,储能技术不断发展,其成本一降再降,逐渐被发电厂所接受。现阶段,电力系统中多种能源并存,新能源技术蓬勃发展,火力发电机组数量逐年下降,该如何在此环境下解决热电联产机组和风力发电之间的"热一风"矛盾？由此,综合能源系统的构想被提出,其本质是提高新能源的利用率,通过能源互联网实现多种能源的相互转化和协同利用,促进可再生能源的发展。"热一风"联合系统(热电联产)作为综合能源系统的一份子,通过电锅炉、热电联产机组等将电能和热能结合在一起,是同时实现供电和产热双目标的最有效的方法之一,是我国"三北"地区供暖期广泛存在的综合能源形式。发电厂利用火力发电机组和热电联产机组燃烧化石能源发出的电能为负荷供电,同时热电联产机组产生热能为用户供暖。但是,在这个过程中,电能和热能的输出会受到一定限制,导致新能源发电无法上网,此时系统中的电锅炉和储热装置可以对该问题进行调节。

国家电网公司也致力于依托智能配电网,将各种清洁能源(如风、光等)转化为电能,通过高压输电线路跨区域传输,促进多能源的跨区域优化,实现新能源发电技术在更广范围内消纳的目标。综合能源系统是多种能源的网络耦合,将电、热、天然气系统网络等耦合在一起,构成了一种多维能源互联的网络形式,对于提高各种可再生能源的消纳、促进清洁能源的发展具有重要意义,对于提高电力系统的经济性和灵活性具有显著作用。

1.1.2 中短期电力负荷研究背景及意义

随着需求侧响应政策的施行,以及电能替代设备和分布式可再生能源并入电网,发电不确定性以及用户响应行为的差异性增加,用电量特征变得更加复杂,负荷的精准预测也变得更加困难。学者们已经对传统中期负荷预测方法进行了广泛研究,但传统中期负荷预测方法并不能直接用于月用电量预测,原因如下:用户侧负荷特性和电量需求随着分布式能源接入电网也发生了改变;随着电力市场的重组,小规模用户的月用电量预测变得尤为重要,这也增加了月用电量预测的随机性,从而导致预测结果受随机性的影响越来越大。因此,针对提高中期负荷预测精度开展相应的研究具有以下意义。

(1)中期负荷预测的准确度是指导电力系统经济调度的关键依据。在研究不同社会经济因素与用电量关联关系的基础上进行中期负荷预测,有利于电力企业针对不同行业的用电需求,开展精准的电力服务以提高供电质量。同时,可以为电网以后的发展及相关电力政策的制定提供科学的依据。

(2)我国电力市场化改革尚处于起步阶段,《中共中央国务院关于进一步深化电力体制改革的若干意见》(中发〔2015〕9号)指出,在全国范围内“具备条件的地区逐步建立以中长期交易为主、现货交易为补充的市场化电力电量平衡机制;逐步建立以中长期交易规避风险,以现货市场发现价格,交易品种齐全、功能完善的电力市场”,可知我国现阶段电力市场仍是以中长期交易为主要的交易模式。中长期交易机制下,市场主体需要提前预测未来几周或几个月的电量需求,用来对电力生产活动进行指导,有效规避市场风险。因此,中期负荷预测的重要性日渐突出。

短期负荷预测是负荷预测中人们所关注的焦点。国外的一项研究证明：短期负荷预测中，只要预测结果的平均误差降低 1%，那么电网就可以减少几十万甚至上百万的经济损失。由此可见，较为精准的短期负荷预测能大幅提高电网的经济效益。因此，建立一个精度高、稳定性强、泛化能力强的短期负荷预测模型非常重要。同时，准确的短期负荷预测对提高电网调度效率、保证电网安全可靠运行、指导电力系统制订合理的生产计划、减少资源的浪费、降低不必要的经济损失具有重大意义。

综上所述，无论是对电力公司、用户还是市场，中短期负荷预测的重要性都很高，同时，对电力企业的绩效评估、新能源的消纳和利用以及电力营销的相关工作都具有重要的指导作用。因此，研究电力负荷预测极具现实意义。

传统的中期负荷预测方法对原始数据平稳性要求较高，而中期负荷曲线是一种典型的非平稳、非线性时间序列。并且，传统预测方法对处理具有增长性和波动转折性的二重趋势中期负荷序列表现较差，且不能同时考虑多种影响因素，无法对中期负荷影响因素进行筛选。传统的短期负荷预测方法非线性映射能力有限，对未知数据的泛化能力较弱，容易存在时间序列信息的丢失问题，预测精度仍有提升空间。因此，如何解决上述问题是提高中短期负荷预测精度急需解决的问题。

1.2 国内外研究现状

在我国北方，由于天然的地理位置，风能资源十分充沛，因此风电机组的装机容量每年都在持续增加。为了进一步扩大风电的发电量，研究学者对热电联产系统的结构进行了多方位的优化并提出了许多优化方案。一是在传统综合能源系统的基础上加入储热装置，通过控制储热装置的储放热时间减小热电联产机组最小电出力水平，减少弃风现象的发生；二是考虑在传统综合能源系统的基础上加入电加热装置，包括但不限于电锅炉装置，利用电热转换原理增加风电机组的出力，减少弃风现象的发生；三是考虑基于市场经济性的峰谷时段电价、基于环境保护的碳排放指标等条件下的热电联产优化调度问题。

1.2.1 热电联产调度的研究现状

热电联产的优化调度问题早已成为国内外学者的研究重点，且多数侧重于考虑不同情景下，建立不同的目标函数和约束条件的数学模型，采用不同的优化算法或改进策略对其进行求解。文献[35]统筹调度热电联产机组、储热罐和电锅炉等装置，建立在一定弃风消纳量下总体成本最小的两级式调度模型，实现了清洁能源供暖，解决了机组弃风量高和热电联产优化调度的问题。文献[36]建立了含储热装置、电锅炉与电热泵的放宽联络线管制的多区域电热联产分区调度模型，以此提高系统的风电消纳能力。通过原始对偶内点算法对模型进行求解，同时分析了放宽联络线管制以及风电装机量和电、热负荷等参数对系统风电消纳能力的影响。文献[37]分别从时间和空间的耦合角度分析热电联产系统的电与热之间的匹配关系，考虑采暖建筑的储放热特点，将日前优化调度模型转换为 MILP 问题，通过仿真实验证实了该模型的可行性与经济性。文献[38]在电源侧加入电锅炉减少“以热定电”的约束条件，在需求侧加入多类型响应增加风电上网空间，建立系统总成本和不同阶段成本最小的热电联产多时段调度优化模型，有效解决了我国北方地区供暖季的风热矛盾和弃风问题。文献[39]分析了储热装置动态特性对系统弃风量和运行成本的影响，建立了“电一热”与“源一网一储”联合互补的热电联产综合系统，在保证电、热需求的同时使系统运行成本最小。

也有不少文献侧重于考虑基于环境保护的碳排放指标等条件下的热电联产优化调度问题。文献[40]从减小碳排放量和弃风电量两方面考虑，先后建立限耗风电与电锅炉蓄放热速率的统筹调度模型，考虑风电波动性的电热联产低碳经济调度模型，研究分析上述两个模型的风电上网结果及经济效益。文献[41]制订了由风光电站、碳捕集热电厂和风电供热设备组成的虚拟电厂热电联产优化调度策略，提出改进的自适应免疫遗传算法。结果表明，该虚拟电厂可以促进系统调峰功能，提高经济性的同时也降低了对环境的污染。文献[42]建立了考虑电转气过程中精细氢能的日前优化调度模型，目标函数设为基础费用最少和环境指标最优。同时验证了该模型可以很好地反映电转气系统的真实运行情景，提高了清洁能源利用率，减少了运行经济成本。文献[43]针对风电波动性和电一热系统稳定性，构建了基于免疫遗传拉格朗日松弛混合算法的风电集中供热模型，展现了该模型对弃风现象的积极效果和对环境保护的积极影响。

也有诸多国内外学者偏好以需求侧满意度为目标，考虑基于用户满意指标的热电联产优化调度问题。文献[44]构建了一种基于用户满意度（用电经济度及温度舒适度）的热电联产储能系统的日前优化调度策略，在满足用户感受的同时降低发电成本，提升热电联产储能系统的风电上网空间。文献[45]分别在电源侧和负荷侧考虑储热技术和需求响应，提出一种运行成本最小的“源—网—荷—储”协同优化策略，通过多场景证明了该方法对于增加风电上网空间和减少系统运行成本的有效性。文献[46]提出了一种适用于离网型热电联产的日前调度策略，包括调度决策和实时调整两个阶段，既减少了实时操作中的不确定性，又保证了系统的安全经济运行。文献[47]采用随机分形搜索优化技术来处理高度非线性的热电联产经济调度问题，在满足多个运行相互依赖的限制和约束的同时，使发电单元的功率和热量的总运行成本最小。

还有一些文献以电力系统经济性为主，主要研究基于市场经济性的峰谷时段电价和电力环境经济调度问题。文献[48]对分时电价的划分方法进行了总结。文献[49]提出了一种结合反向学习算法和差分进化算法的改进粒子群优化算法，将其用于考虑多约束的电力系统经济调度问题。与文献[49]相似，文献[50]提出了一种基于改进多目标骨干粒子群优化算法，通过权重非线性递减策略更新粒子位置，为不同阶段粒子设计适合自身的更新策略，根据拥挤距离和距离指标来选择最终的最优解。文献[51]通过分析负荷曲线，提出了一种基于用户对不同时段电价反应度的分时电价模型，可以得到峰谷时段最优划分策略及分时电费最合适的定价方法，为电力系统的“削峰填谷”提供理论支持。文献[52]针对我国新疆部分地区在供暖时段大量风电无法上网的问题，构建了加入热泵、热储、电锅炉等元件的电联热产系统优化策略。通过仿真算例说明该系统在最小运行费用的条件下可以有效节省用煤量，增加风电上网空间。

1.2.2 储能技术在热电系统中应用的研究现状

近年来，储能技术的发展越来越成熟，使电能实现大量存储成为可能。此外，储能装置的加入能够增加系统的灵活性，可以改善风电随机性和波动性较强的问题，可大规模应用于风电并网。国内外学者关于储热装置在热电系统中的应用提出了诸多方法。

针对风力发电的不确定性，文献[53]结合风电量建立了基于不同情景分析的蓄热优化调度模型，求取系统在不同场景下的煤耗量期望值，将耗煤量最少的方案作为下一日的热电一风电联合调度策略。文献[54]提出了计及储蓄热装置的热电联产综合系统,通过峰谷电价变化策略来影响用户的用电习惯。参照模拟退火算法的形式改进粒子群算法,分析储蓄热装置不同工作模式和峰谷电价变化策略下系统对风电能耗和经济效益的影响。文献[55]建立了以耗煤量最低为目标的含储热设备的热电联产优化调度模型,将系统热平衡、热电耦合、储热设备工况结合,通过实例证明该模型对提高风电消纳、节约煤耗具有积极作用。文献[56]在含风力发电的热电联产系统加入储热技术,建立了含蓄热装置的电供热调度模型。通过控制蓄热装置参数和环节,打破电与热的刚性关联,使系统灵活性更强。文献[57]阐述了电力系统中各种能源生产与消耗之间的关系,构建了包括大容量蓄热的、热电差异性互补的联合系统,通过该系统得到电热协调控制策略和综合能量管理方法。文献[58]考虑了储热技术对于优化调度模型的影响,求解算法采用的是经过改进完善的遗传算法。仿真表明,将储热技术加入热电联产系统可以用较低的成本增加风电的消纳。文献[59]通过利用储热装置和碳捕集设备研究含风力发电系统的经济调度问题,以煤耗量和有害气体排放最小为目标函数,并采用多目标细菌群体趋药性算法对模型进行求解。

不仅仅是储热装置,蓄热式电锅炉通常以单独或与储热装置结合的模式应用于热电联产系统中,不同的文献针对不同的问题给出了解决方案。文献[60]提出了一种储能装置与蓄热式电锅炉协调合作的方法,全面考量弃风电量、储能容量和锅炉工况等影响因素,对该方法运行的经济性进行对比评估。文献[61,62]都通过加入电锅炉与蓄热装置,研究二者与热电联产合作供暖发电的调度问题。从解耦机组热电耦合的角度出发,风机的发电量得到了显著的提升,不仅节约了发电成本保证了经济性,同时也大幅度减少了污染物的排放。为了解决我国三北地区火电机组调峰能力弱、供暖季弃风严重等问题,文献[63,64]提出了蓄热式电锅炉与储能装置相互融合的风电消纳办法,通过电锅炉增大负荷侧用电负荷来增加风电上网空间,通过储热装置减少火电机组的最小出力。文献[63]以电场收益最大为目标,文献[64]以系统运行成本最小和弃风量最少为目标,二者都将风电场、电网公司及供热公司的利益与责任纳入考虑范围,建立单目标或多目标的风电消纳优化调度模型,提出的控制策略使弃风时刻火电机组出力减小,弃风现象得到了明显的改善。文献[65]提出了新的调度方案,将弃风成本加入到目标函数中,并分析了储能装置和电锅炉对系统发电功率和供热能量的影响，提出以系统综合消耗费用最少为目标的全时段调度策略，通过粒子群算法求解该调度策略的最优解。

国外学者针对储能技术在热电系统中的应用也有诸多研究。考虑电热耦合强度高导致热电联产系统源负荷不协调的问题，文献[66]提出了一种基于电蓄热锅炉和热惯性的热电联产系统优化运行策略。以系统运行成本最小为目标，结果表明，提出的优化策略能够有效降低热电耦合强度，提高热电联产系统的可行性和经济性。文献[67]提出了一种基于线性规划的微网经济调度优化模型。考虑了两种微电网模型：第一种模型提出的微电网由热负荷和电负荷以及热电联产单元组成；第二种模型由第一种模型考虑的单元加上热储和电储组成。对两种情况的运行费用和优化结果进行比较，确定储能对最优调度的影响。文献[68]提出了一个随机规划框架，用于对由风力发电机、燃料电池、锅炉、典型的纯功率单元和储能装置组成的热电联产机组进行 24 小时最优调度。考虑需求响应方案和不确定性的情况下，寻找利润最大化的能源资源最优集点。通过随机规划公式刻画风速的不确定性对热电联产调度问题的影响并通过三个案例验证了所提模型的有效性。Hongxia 等人在文献[69]中提出，加入电锅炉和已蓄热的热电联产机组是解决电网弃风问题的主要方法。此文献考虑电锅炉对带蓄热的热电联产机组工作状态的影响并分析其运行特性，提出了电锅炉蓄热放热功率增量模型和供热功率模型。结果表明，该模型能够完全消纳弃风，降低运行成本。Tjardo 等人在文献[70]表明，以热水形式储存在水箱中的能量是平衡供需关系的可行方法。为了储存所需的能量，水箱中水的体积和温度都需要收敛到所需的设定值。为此，该文献提供出跟踪该目标的内模控制器，对不确定的参数具有很好鲁棒性。通过实验证明，仅通过测量水箱聚集流率、存储设备的体积以及相应的温度即可实现控制目标。文献[71]提出了一种新颖的多能源热电联产系统规划模型，同时考虑电力和天然气系统的技术限制，提出了一种两阶段规划方法来确定热电联产的最佳站点和规模。通过两个案例研究表明，该模型能够减少系统成本，使天然气公司、电力系统以及用户受益。

1.2.3 人工蜂群算法的研究现状

人工蜂群算法(Artificial Bee Colony Algorithm，ABC)是一种新型的群体智能算法，其主要是通过观察自然界蜜蜂的采蜜行为得到启发，从而提出一种优化方法。文献[73]将 ABC 应用于电力系统经济调度问题，通过仿真算例证明，该算法可以有效提高电力系统经济调度在求解方面的效率，在提高优化精度方面具有良好的性能。为减小风光波动对电能质量的不良影响，文献[74]提出了一种基于改进的人工蜂群算法的储能容量优化配置方法，建立了以风光能源的波动性最小为目标的系统模型。实验结果表明，改进的人工蜂群算法能够求解微电网模型且不易陷入局部最优的结论。

针对传统ABC开发性能不足、易陷入局部最优，在求解复杂模型时迭代次数较多、寻优效率低等问题，不同的文献提出了不同的改进方法及更新策略。文献[75]提出了一种基于并行计算的人工蜂群算法，通过改变Linux技术平台的参数，制订与ABC相结合的计算策略、并行构架和信息传递机制。仿真实验证明了该方法与传统ABC相比，具有计算效率高、运行时间少的优点。文献[76]提出了一种基于环形拓扑邻域的人工蜂群算法，该算法参考环形拓扑邻域策略，为ABC的三个阶段分别提供合适的搜索方程。利用全局最优解引导蜜源的邻域解，加快收敛速度；利用雇佣蜂的随机策略，增加蜜源多样性，增强算法搜索能力；最后通过仿真实验证明了NABC算法的优异性能。文献[77]在ABC算法未进入循环阶段加入Cauchy OBL群体，利用该种群与初始阶段的种群相互竞争，择优录取并组改为新的初始解，提高种群优化基因；在蜜源邻域搜索过程中加入Cauchy OBL群体，择优保留并更新全局蜜源，提高寻优能力，减少迭代次数。

ABC算法因其鲁棒性强、复杂度低的优点，在单目标或多目标的求解问题上具有很好的收敛性，被视为最有潜力的方法之一，但仍存在种群盲目搜索、算法开发能力有限等缺点。文献[78]提出了一种基于目标空间分解的人工蜂群算法。将目标空间分解并选择不同的搜索策略，以此来提高ABC的搜索能力和搜索效率。结果表明该算法在与八种同类算法的比较中具有很好的收敛性和均匀性。文献[79]提出了一种基于进化知识融合的多目标人工蜂群算法。通过最优个体和邻域进化结合引导搜索过程，将个体支配和种群分布关系融合于跟随蜂的概率选择中，同时提出一种新颖的外部档案维护方法来缩短进化时间。通过测试函数证明了该算法的收敛性能好、解集取值范围大的优点。文献[80]在传统ABC算法中加入了自适应搜索机制和变异机制等操作，在增大种群多样性的同时可以有特点地进行迭代更新。结果表明，改进后的MOABC具有优秀的分布性和收敛性。

针对上述研究，本书在已有的基础上，设计并编制了粒子群算法和改进的人工蜂群算法，并将其应用于含电锅炉与储热装置的热电联产系统消纳弃风的调度方案中，同时分别构建考虑发电成本和碳排放的单目标和多目标优化调度模型并进行求解，为电力系统优化调度研究提供一定的理论参考。

1.2.4 中期负荷预测方法研究现状

中期负荷预测方法主要分为传统中期负荷预测方法以及数据驱动的中期负荷预测方法。

1.传统中期负荷预测方法研究现状

传统中期负荷预测方法常采用时间序列法、灰色数学理论、回归分析法等。

(1)时间序列法。

时间序列是指在相同的时间间隔内，按顺序记录变量值时所创建的序列。时间序列预测通常是外推预测，其根据历史值随时间的发展规律来预测未来一段时间的值。按自变量的类型可以将时间序列模型分为两种，一种是时域模型，另一种是频域模型，用的最多的是时域模型，用来表示变量随时间变化的关系。时间序列法在用电量预测中应用较为广泛，在相同时间间隔对用电量进行采样形成时间序列，并以此预测下一阶段的用电量。而通过简单的回归来建立的时间序列数学模型，其预测结果通常有很大的提升空间，这也促进了单变量时间序列模型和多变量时间序列模型的发展。文献[85]指出，ARIMA 模型是时间序列预测模型中预测效果最好且最有效的模型。

(2)灰色数学理论。

根据系统中已知信息的情况可以把系统分为黑色系统、灰色系统、白色系统："黑"表示没有已知信息，"灰"表示已知一部分信息还有一部分信息未知，"白"表示所有信息全部已知。所以灰色系统就是指有一部分信息是不明确的或者未知的系统，其中包含的数据通常质量较差。灰色数学理论在能源需求预测中应用较为广泛，与其他预测方法相比，灰色理论的预测精度较高，并且用于构建预测模型所需要的数据相对较少。但灰色理论的预测效果好也仅限于对规律性强的用电量序列进行预测，即用电量序列呈指数增长。

(3)回归分析法。

回归分析法是通过历史数据中自变量与因变量的关系来确定预测函数。按未知系数的结构可以将回归分析法分为线性和非线性回归模型。由独立变量通过非线性组合的方式构成因变量的建模称为非线性回归模型;由估计变量之间的线性关系进行建模称为线性回归模型。

这些方法对原始数据平稳性要求较高,而中期负荷曲线是一种典型的非平稳、非线性时间序列,并且传统预测方法对处理具有增长性和波动转折性的二重趋势中期负荷序列表现较差。文献[81]提出基于时间序列分解法的月用电量预测方法,利用时间序列分解模型将用电量序列分解为多个分量,然后针对分解后的各分量分别进行预测,但该方法并未考虑经济等其他因素。近几年国外对月用电量预测采用分位数回归方法的较多,该方法具有对异常值不敏感的优点。文献[89]提出了一种约束分位数回归平均(Constrained Quantile Regression Averaging, CQRA)方法,该方法由多个单独的概率预测创造一个改进的整体预测。将CQRA参数估计问题描述为一个线性规划问题,其目标是使弹球损失最小化。文献[90]建立了一个新的联合预测系统,完善了单个负荷的在线概率预测,细化过程基于多元分位数回归。但由于分位数回归的计算复杂度过大,也使之用于预测时存在一个最大的缺点就是预测时间较长。文献[92]提出了新的概率负荷预测方法,将每个点的预测值作为额外的输入特征描述残差在点预测上的条件分布,然后将残差的点预测和条件分布整合在一起,产生最终的概率预测。该方法比基于分位数回归的负荷残差预测方法在精度上有了明显的提高。

2. 数据驱动的中期负荷预测方法研究现状

数据驱动的中期负荷预测方法主要包括人工神经网络、支持向量机等。

(1)人工神经网络。

神经网络是一种数据驱动方法。神经网络通过已有历史数据找出模型输入和输出之间的关系,以此实现预测。神经网络是由神经元即处理节点构成的网络,这些神经元(处理节点)通过特定的顺序相互连接,并执行数字操作。神经网络可以通过历史数据预测多变量多噪声的时间序列的未来值。神经网络对数据处理的方式主要有变换函数法以及求和法,通过将实际值与网络所输出的值进行比对,以此来评价网络的预测精度,直到得到一个较为满意的输出值。针对非线性数据集,神经网络能够较为准确地预测该数据集的输出;针对同时进行的不同任务,也可以实现同时处理;由于神经网络拥有自主学习的能力,这也使之能够适应各种不同的环境。

(2)支持向量机。

支持向量机是由 Boser 等人共同开发的一种具有分类和回归能力的监督式机器学习方法。支持向量机(Support Vector Machine,SVM)主要用于处理分类问题和回归问题。SVM 对于非线性输入采用的是将低维的非线性输入映射到高维空间,使之转化为线性问题,然后通过学习算法对复杂数据中的支持向量进行识别。与神经网络不同的是,SVM 的广义性能是通过采用最小化泛化误差来实现的,神经网络则是采用经验误差最小化。SVM 的决策函数只由一部分支持向量确定,并非全部的支持向量,因此,算法计算的复杂度由支持向量决定,而非数据样本空间的维数,也因此在某种意义上避免了"维数灾难"。

这些方法能够考虑非线性并有自学习能力。文献[103] 提出了基于奇异谱分解的中期负荷预测的方法,首先采用奇异谱分析将月用电量序列进行滤波分解得到月用电量的各子序列,然后采用神经网络模型对月用电量各子序列进行预测,最后将各分量预测值进行重构得到预测的用电量。但该方法只是单一地通过用电量序列进行预测,并未考虑月用电量的诸多影响因素。文献[104]提出了一种基于深度混合网络的居民负荷条件概率密度预测方法,设计了一种由卷积神经网络和选通递归单元组成的端到端概率居民负荷预测复合模型。但神经网络算法最大的缺点就是收敛速度慢,且容易陷入局部极小化问题从而导致网络训练失败。文献[105]提出了一种新的在线集成学习方法,将批量学习和在线学习相结合,用于负荷预测,确保了在线应用的自适应性。文献[106]采用子空间聚类,对不同类用户的用电行为进行分析,找出各类用户用电的关联因素,最后采用随机森林算法进行预测,取得了较好的预测效果。

综上所述,以上文献均有值得借鉴的地方,但传统中期负荷预测方法不能很好地将多种中期负荷影响因素纳入考虑,且对异常值和噪声敏感,而数据驱动的方法也存在容易过拟合、收敛速度慢等问题。随机森林算法对各种数据集的运算都适用,并且具有防止过拟合、对异常值和噪声不敏感、可输入变量多、收敛速度快等优点。因此,针对中期负荷预测问题,提出了基于最大互信息系数的随机森林中期负荷预测方法。

1.2.5 短期负荷预测方法研究现状

目前,短期电力负荷预测的方法主要分为三类:基于传统统计学的短期负荷预测、基于传统机器学习的短期负荷预测和基于深度学习的短期负荷预测。

基于传统统计学的短期负荷预测方法的思路便于理解，但是对于非线性的数据集，其映射能力较弱，如果采用新的数据作为输入，会造成模型预测的误差较大，即泛化能力差。基于传统机器学习的短期负荷预测模型的非线性映射能力较强，泛化能力相比于传统统计学方法也有所提高，但时间序列信息丢失的问题比较严重，并且预测精度还有可以提升的空间。近几年，随着计算机运算能力的提高，深度学习也得到了不断发展。因此，深度学习在短期电力负荷预测中的应用也逐渐成为研究的重点与热点。其中，在处理时间序列的问题上，循环神经网络有很大的优势，能够通过输入的历史信息，学习时间序列的变化趋势，但当输入的时间序列较长时，容易存在梯度消失的问题。

基于传统统计学的电力负荷预测常采用的方法有：时间序列法、指数平滑法、灰色模型法、回归分析法等。文献[118]采用多元线性回归算法对含有的特征少以及数据量大的电力负荷数据进行预测。文献[119]通过对不同节假日与用电负荷的影响程度进行分析，并采用卡尔曼滤波法针对不同类型的节假日进行预测建模。文献[120]提出了组合负荷预测模型，指数平滑法作为组合预测模型的基础。上述方法对电力负荷序列要求较高，必须满足负荷曲线的波动性小、含有的随机因素少、规律性强。针对这种电力负荷，上述方法可以迅速获得较为精准的预测结果。但是统计学算法的最大不足便是鲁棒性较差，当历史负荷数据为非线性且复杂度高的时候，传统统计学算法很难进行精准的预测。因此传统统计学方法处理非线性问题的能力较差，与此相反，机器学习算法则擅长处理非线性问题。

基于传统机器学习的电力负荷预测主要包括人工神经网络、支持向量机等。文献[121]提出了改进支持向量机混合预测模型，考虑了电价因素。该预测模型通过采用最大相关最小冗余法对特征进行提取，然后通过加权灰色关联投影对历史节假日期间的用电量序列进行提取，最后通过对支持向量机参数进行优化，使模型的预测精度更高。文献[122]提出了基于小波变换和支持向量机短期负荷预测方法，将模型输入的时间序列分解为不同的频率模式，然后使用小波核函数代替径向基函数核函数，取得了较好的预测效果。文献[123]针对实时电价对短期负荷的影响，将径向基函数神经网络与自适应神经模糊推理系统相结合，建立了短期负荷预测模型。该模型首先利用径向基函数神经网络的非线性逼近能力，在不考虑电价因素的情况下对预测日的负荷进行预测，然后根据实时电价的近期变化，利用自适应神经模糊推理系统对径向基函数神经网络的负荷预测结果进行调整。这种集成系统提高了预测精度，克服了径向基函数神经网络的缺陷。但面对复杂的电力大数据，由于传统机器学习算法所需要设定的参数较少，很难对电力负荷大数据中的有用信息进行挖掘。因此，当数据量较大时，机器学习算法的预测结果通常并不理想。

近年来，一些组合预测方法被提出，并且取得了较好的预测效果。例如将分解算法与长短期记忆神经网络及门控循环单元相结合。序列分解方法可将高度非线性、非平稳的历史负荷序列分解为多个相对平稳的时间子序列，将复杂的非线性预测问题转化为线性预测问题。文献[124]通过变分模态分解将风电负荷序列进行分解，得到高、中、低三种不同频率分量，然后采用 LSTM 神经网络对三种不同频率分量分别进行预测，实验仿真证明，负荷预测精度得到了有效的提高。文献[125]将集合经验模态分解算法与 GRU 和多元线性回归算法进行组合，首先通过分解算法将历史负荷序列分解为多个子序列，然后通过各子序列的过零率将所有子序列划分为高频分量和低频分量，最后采用 GRU 和多元线性回归法对两个分量分别进行预测。对比常见的单一预测方法以及采用 EEMD 的组合预测方法，文献[125]所提方法的预测精度均有提升。基于序列分解的组合预测方法的特色是可以提取历史负荷序列中不同频率的分量，将复杂的历史负荷序列预测问题转化为多个相对简单的子序列负荷预测问题，降低了预测难度。但此类方法也存在一些问题，例如分解后的各分量可能出现难以预测的情况、预测各分量的时候难免产生误差，因此在各分量预测值重构的时候会带来误差积累、组合预测模型的复杂度较高等。

综上所述，运用统计学理论的预测模型虽然易于理解，但其非线性映射能力有限，对未知数据的泛化能力较弱。基于机器学习的预测模型在处理非线性问题上表现出较强优势，且具有较强的泛化能力，但当数据量较大时，也容易存在时间序列信息丢失的问题，预测精度仍然有提高的空间。在深度学习中，随机配置网络算法无疑是近年来的一个研究热点。针对传统梯度类算法所固有的缺点，即收敛速度慢且容易陷入局部极小化的问题，随机配置网络算法则有学习速度快的优点，能够根据输入数据的特点，自动生成相应的网络结构，有效降低了人为干预所造成的误差，使模型性能得到提高。鉴于随机配置网络的优势以及上述短期负荷预测存在的问题，本书提出了基于随机配置网络的短期负荷预测方法。

1.3 主要研究思路与内容

近年来，随着化石燃料不断减少以及环境问题日益严重，人类急需寻找可再生的能源来代替传统的化石能源。风能凭借其技术的成熟性，发电的稳定性得到了快速发展。我国风电的弃风率虽然逐年在减少，但在北方地区，弃风现象依旧十分严峻。北方地区的热电机组多采用“以热定电”的工作模式，此地区夜间风电的上网空间有限，很难得到有效的利用，弃风现象十分严重。同时，负荷预测是个复杂的非线性问题，影响负荷预测的因素有很多，虽然有关预测方法的相关研究发展至今已经非常成熟，但仍存在一些局限性。针对上述两个问题，开展数据一模型混合驱动的电力负荷预测与热电联产系统优化调度研究，主要工作如下：

第1章介绍了研究背景和意义，分析了热电联产、风电以及储能装置的国内外发展现状。

第2章介绍了近年来我国风电装机容量的发展状况，指出风电装机速度与风电场建设速度不匹配以及热电联产机组“以热定电”的工作模式是造成弃风现象的主要原因。本章从抽气式机组的电热特性曲线出发，具体分析了储热装置的加入对于风电消纳的影响以及电锅炉进行风电供热有效性分析，提出并设计了通过在热电联产系统中加入电锅炉和储热装置的供热方案，通过优化系统结构从而有效地缓解弃风现象，提高风能的利用率。

第3章建立了考虑发电成本的单目标优化调度模型，构建了目标函数仅包括系统的发电成本、约束条件为电负荷的实时平衡约束、机组出力约束等；以电锅炉在各个时刻的出力、储热装置热量变化量为决策变量的热电联合系统调度模型，设计并编制了粒子群算法和改进的人工蜂群算法，包括侦察蜂、观察蜂、采蜜蜂适应值函数，蜜蜂之间的转换机制等；针对某一区域的电源结构进行了算例仿真，分别用粒子群算法和人工蜂群算法对算例进行求解，同时还对风电消纳的经济性进行了分析，并基于仿真结果进行了对比。

第4章构建了考虑发电成本和碳排放的多目标优化调度模型。通过采取非支配排序的方法来构建 Pareto 前沿面，并设计了非支配排序的算法，以距离评价指标来选择折中最优解，求解的算法同样采取改进的人工蜂群算法和粒子群算法，分析了不同迭代次数和种群规模对算法性能指标的影响。同时，采用 HV 评价指标来进一步地评价算法的收敛性。仿真结果表明：与粒子群算法相比，改进的人工蜂群算法在求多目标规划问题上也具有更优的性能指标，从而在电力系统优化调度方法上提供一定的理论参考价值。

第 5 章为基于随机森林的中期负荷预测方法研究。本章首先进行中期负荷预测的问题描述，然后提出中期负荷的预测策略，并对中期负荷预测所提方法涉及的理论——互信息、Bootstrap 重采样和决策树做了详细介绍。给出了基于最大互信息系数的随机森林中期负荷预测模型，通过从众多中期负荷潜在关联因素中筛选出强关联因素，进而通过随机森林算法进行中期负荷预测。同时，通过算例分析阐述了所提方法结合 Python 语言的实现并将结果与采用月同比增长率作为训练样本，考虑全部因素的随机森林预测方法；采用月数据作为训练样本，考虑全部因素的随机森林预测方法；采用月同比增长率数据作为训练样本，考虑全部因素的支持向量机预测方法进行对比分析。

第 6 章为基于随机配置网络的短期负荷预测方法研究。本章首先通过短期负荷数据分析了短期负荷预测的影响因素，其次进行了短期负荷预测的问题描述，然后提出短期负荷的预测策略，并对短期负荷预测所提方法涉及的理论——Bagging 算法、随机配置网络算法进行了详细介绍。给出了基于 Bagging－SCNs 的短期负荷预测模型。同时，通过算例分析阐述了所提方法结合 Python 语言的实现并将预测结果与采用 LSTM 神经网络法及单一 SCNs 法进行对比分析。

第2章　热电联产系统的运行原理分析

我国是一个能源资源相对缺乏的国家，煤炭、天然气、石油等化石燃料的储存量分别占世界平均水平的58.6%、7.7%、7.1%。因此，我国的很多能源都需要从国外进口。与此同时，我国正处在一个正在高速发展的阶段，对供热的需求急剧上升。尤其在我国北方地区，由于地理位置的特殊性，冬季天气非常寒冷，需要大量的热量来满足冬季供暖的需要，能源的消耗十分巨大。为了提高能源的利用率，热电联产机组凭借其灵活稳定等特点得到了快速发展。目前我国北方大多都采用效率较高的热电联产机组(Combined Heat and Power，CHP)。

2.1　CHP的优点

1. 能源利用率高

纯凝式机组和热电联产机组都是通过化石燃料的燃烧，将煤炭的化学能转变为蒸汽的动能，这些超高压的蒸汽进入汽轮机，推动汽轮机转动从而产生电能。前者将大部分热能当成废弃热量直接排放，很多热量都没有充分得到利用。相反，热电机组利用发电做完功的高温蒸汽来对用户进行供热，极大地提高能源的利用率，至少有2/3的余热能够被重新利用来满足设备的热需求。热电联产机组与纯凝式机组相比，在相同的电需求、热需求下进行供电，供暖所需要的能量大约能够节省60%。图2.1对纯火电机组和热电机组提供的能量进行了对比。

2. 减少有害气体的排放

近年来，随着环境的逐渐恶化，自然灾害频频发生已经对人类和其他生物的生存造成了严重的威胁。改善环境已经逐渐成为全球所关注的焦点。目前，我国也在积极响应国际的号召，下发了许多改善环境的政策。同时，我国也开始对能源结构进行改革，逐渐向绿色、低碳进行转型。热电联产机组对减少污染气体有着非常积极的作用。

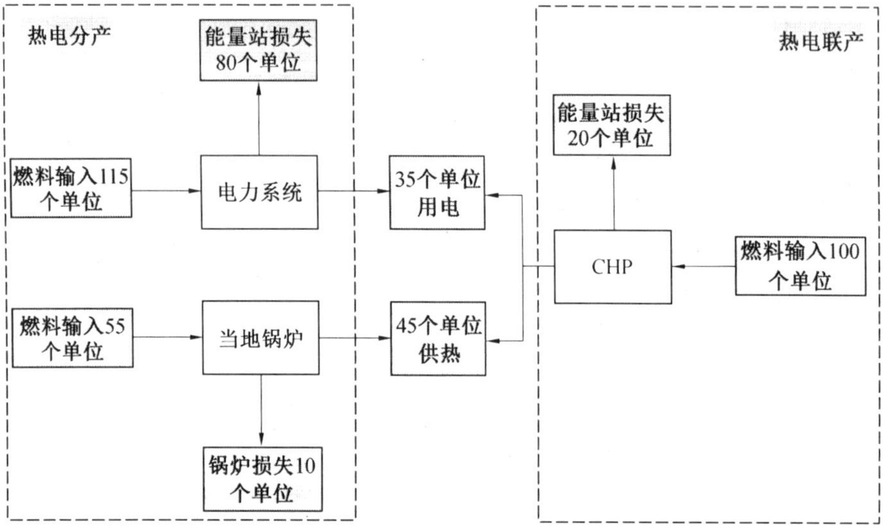

图 2.1　常规供电和当地锅炉供热与 CHP 的对比

3. 减少发电成本

传统的发电厂发电效率很低，只能以 30%～40%的发电效率进行远距离送电，同时输电线路中大约 10%的损耗进一步降低了系统的效率，由于输送电所带来的损耗相当于发电燃料的 6%。对比纯凝式电厂和当地锅炉，安装适当的 CHP 系统可以降低输送电的损耗，同时利用余热供热，再次降低了用户对电力的需求。

2.2　传统热电机组的模型

热电联产机组大多数分布在我国北方，这是由于北方冬季天气干燥寒冷，夜间温度低，用户需要大量的热量来维持室内的温度，这就对供热提出了更高的要求。我国北方的供热大致有两种方式，一种是热电分产，利用电力系统远距离输电来满足用电的需求，同时利用当地的电锅炉来满足热负荷的需求，这种供热方式能源的利用率比较低，经济性比较差，一般很少采用。我国北方大多数采用另一种既能发电又能供热的热电联产机组，这种机组不仅经济性好，同时排放的有害物质也少，使能量充分利用起来，利用做完功的余热来满足设施的供热需求。热电联产机组分为背压式机组和抽气式机组两大类，它们都能使能量梯级利用，使能量利用最大化。

2.2.1 纯火电机组

纯火力发电机组在我国北方使用得比较少，其结构图如图 2.2 所示，工作原理如下：化石燃料首先在锅炉进行燃烧，将煤炭的化学能转变为蒸汽的动能，这些超高压的蒸汽进入到汽轮机，推动汽轮机转动从而产生电能。此类机组最大的缺点在于能量损失太大，大量的热量直接排放到空气中。但其排放在大气中的蒸汽带有大量的热量，还可以进一步利用，可以满足大量设备对于热量的需求，而纯火电机组做完功的蒸汽直接经凝汽器冷却变成冷凝水，造成大量热量白白浪费。相反，我国北方地区冬季正是急需供暖，需要大量的热量来进行供热，一方面，这类机组大量的热量得不到有效的利用；另一方面，供暖的质量很难得到满足，这就与实际的情况相互矛盾。由于这类机组只能进行发电而不能供热，冬季又急需热量对用户进行供热，故在我国北方，纯火电机组基本上都已改造为既能供热又能发电的热电联产机组。

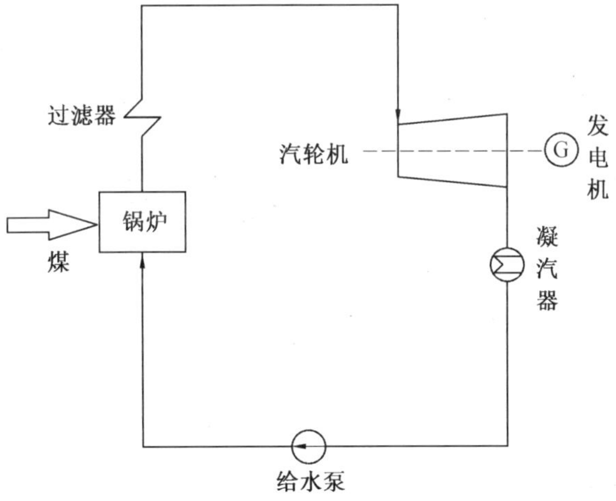

图 2.2 纯火电机组结构图

2.2.2 背压式机组

背压式机组是在纯火电机组的基础上进行了改进，热交换器的加入能够使能量的利用率最大化。此类机组结构与纯火电机组类似，不同的是背压式机组能够将高温蒸汽中多余的能量转化为热量，能源利用率更高。但这类机组也存在一些不足。其结构原理图如图 2.3 所示，背压式机组的工作原理是“以热定电”，存在热电耦合，即机组的出力是以热负荷为基准，需要的热量越多，机组的出力就越多。一般夜间温度比较低，所需的热量增加，机组就会被迫出力压缩发电空间，而风能资源最为充足的时候往往也在夜间，弃风现象明显。故这类机组虽然效率有所提升，但不是最常用的热电机组。

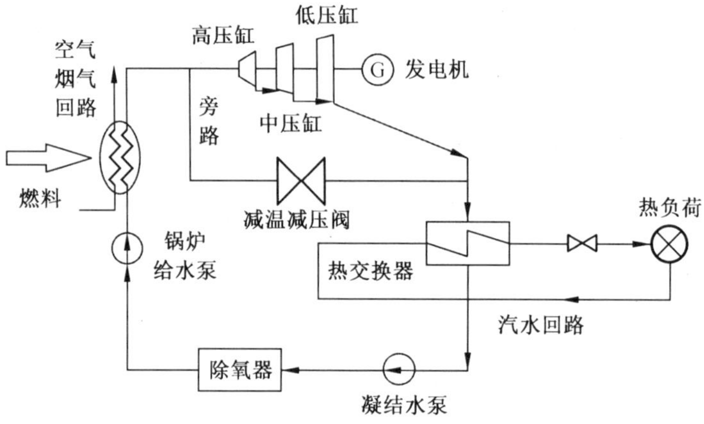

图 2.3 背压式机组结构图

2.2.3 抽气式机组

抽气式机组最大的优势在于它既能通过高压缸的蒸汽进行发电来满足用户电负荷的需要，同时也可以抽取中低压缸的蒸汽进行供热，它既承担着供热任务，又要满足电负荷的平衡，能够在一定程度上解耦机组的热电耦合关系，故建模所用的机组都为抽气式机组，其结构图如图 2.4 所示。

虽然抽气式机组能够解耦一定的耦合关系，但工作方式还由其热电特性曲线所决定，如图 2.5 所示。从抽气式机组的热电特性曲线出发，分析加入储热装置前后，曲线的变化情况。其阴影部分表示为机组运行的可行区域，其特性表达式为

$$\begin{cases}\max\{P^{\mathrm{E,min}}-\gamma P,\alpha P+\beta\}\leqslant P_{\mathrm{h}}\leqslant P^{\mathrm{E,max}}-\gamma P \\ 0\leqslant P_{\mathrm{h}}\leqslant P^{\mathrm{H,max}}\end{cases} \tag{2.1}$$

式中，$P^{\mathrm{E,max}}$为机组的最大电功率；$P^{\mathrm{E,min}}$为机组的最小电功率；α、γ、β为机组的运行参数；P_{h} 为热功率；$P^{\mathrm{H,max}}$为热电机组的最大热功率；$P^{\mathrm{H,min}}$为热电机组的最小热功率。

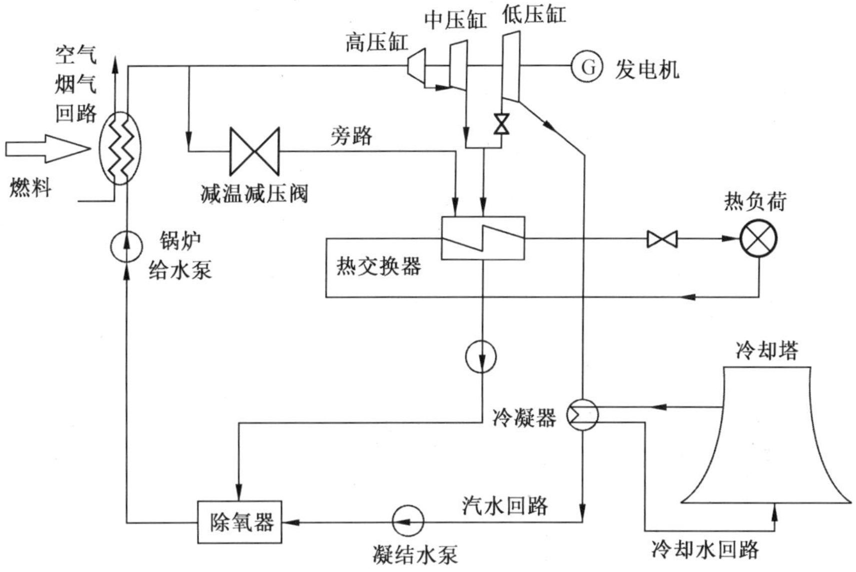

图 2.4　抽气式机组结构图

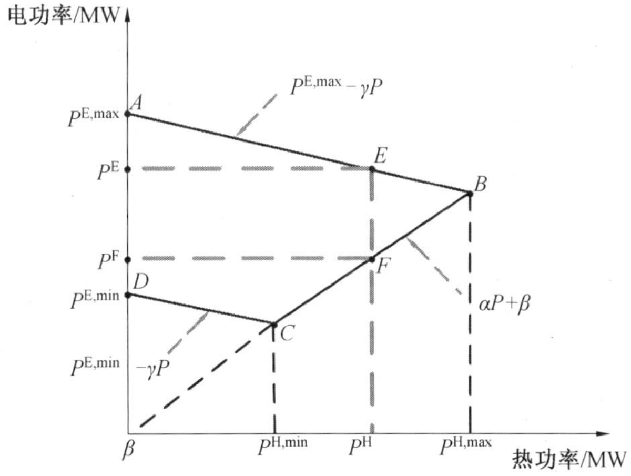

图 2.5　抽气式机组热电特性曲线

从机组的热电特性曲线上可以看出，当夜间需要的热量增加时，机组为了满足热负荷的需要，就会增大其热功率，被迫产生大量的电功率，极大地降低了系统的调峰能力。当机组的供热功率为 P^H 时，电功率的调节区间为 $P^E \sim P^F$，调峰能力十分有限。

2.3 加入储热装置和电锅炉后热电机组的模型

2.3.1 基于电锅炉进行风电供热有效性分析

在我国北方，由于纬度地理位置较高，天气比较寒冷。在此地区需要大量的热量来对用户进行供暖。同时，我国北方的风能资源又相对充足，风电就地消纳负荷又相对不足。此外，热电机组的出力又由热负荷所决定，与风机的发电时段相矛盾，甚至出现大规模风机停机的情况。特别是在冬季夜间，天气寒冷，需要更多的热量来进行供暖，机组的出力增加，强迫电出力会随之增加，而夜间又是风能最为充足的时候，同时也是用电负荷的低谷。基于以上两个方面，大量的风能得不到发电的机会，造成了资源的极大浪费，弃风现象十分严重。

消除弃风现象的策略是在传统热电机组模型中加入电锅炉，加入电锅炉后的系统结构图如图 2.6 所示。一方面，在弃风时段，电锅炉可以作为负荷消耗电能，从而增加风电的上网空间，电锅炉作为用电设备消耗电能从而增加风电的发电量，这表明消耗的电能全部来自于风电。此外，电锅炉还可以利用自身的电制热原理对用户进行供热，从而减少了热电机组的发电量，这样就会为风电上网创造出空间，使更多的清洁能源得到发电机会。

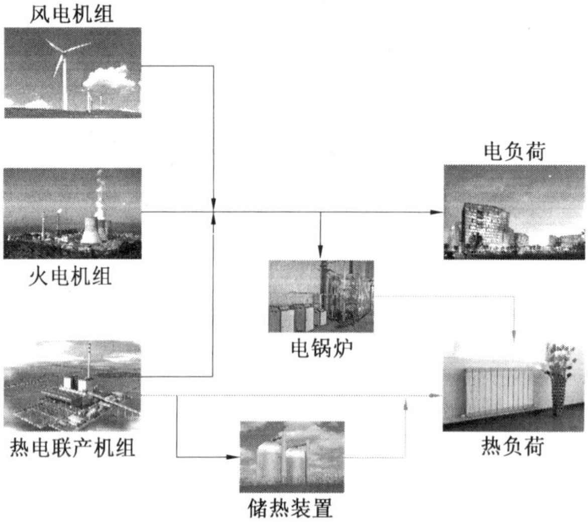

图 2.6 含储热装置和电锅炉的系统结构图

2.3.2 储热装置对风电消纳的影响

加入储热装置后，其热电特性曲线会发生变化，如图2.7所示。

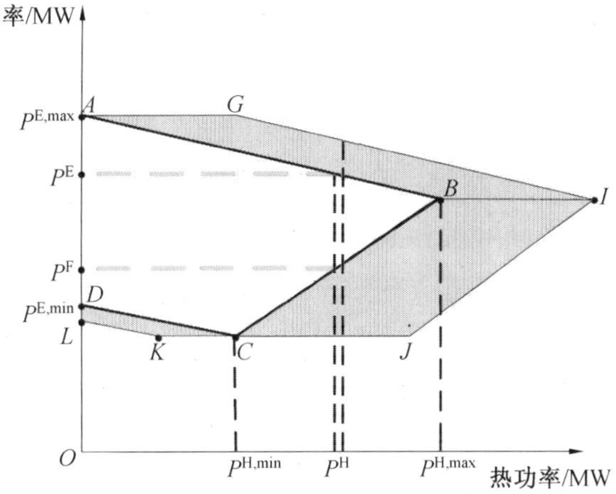

图2.7 加入储热装置后的机组热电特性曲线

从图2.7中可以看出，加入储热装置后，当机组提供的热量同为 P^{H} 时，电功率的调节区间明显变大，这是由于储热装置的放热作用，使 AB 段向右平移到 GI 段，同理，CD 段向左平移到 LK 段。当出现弃风时，储热装置进行放热，缓解热电机组的供热压力，使热电机组工作在较低的电出力水平上，从而增加风电的上网空间。然而，加入储热装置后还有可能存在多余的弃风，为了消纳更多的弃风，再加入电锅炉，利用电锅炉的电制热原理进一步地提高风电的利用率。

弃风现象一般发生在夜间，此时正是需要热负荷最多的时候，在这期间，储热装置应该释放热量从而减小热电机组的出力，使风电得到上网的机会。在风能特别充足的时候，加入储热装置后，还可能存在弃风，此时系统中再加入电锅炉来进一步消纳弃风。在早晨和中午，弃风现象几乎没有，此时间段增大热电机组的出力，储热装置储存热量，从而为夜间所需要释放的能量进行储备。

储热装置和电锅炉运行工况：造成弃风的主要原因是由于冬季夜间供暖的需要，热电机组的强迫电功率占据了风电的上网空间，储热装置和电锅炉的运行标志以是否存在弃风为依据，故判断系统的弃风区间十分重要。假设热电机组工作在 BC 区间，夜间需要的热量多，热功率维持在较高水平，同时也应该尽量减小热电机组的电出力，这与实际也相符合。其工作区间热电特性表示式为

$$P=\alpha P_{h}+\beta \tag{2.2}$$

发生弃风的标志为

$$J^{flag}=\begin{cases}P^{Huo}+(\alpha P_{h}+\beta)+P^{Max}>P^{L}\\ P^{Huo}+(\alpha P_{h}+\beta)+P^{Max}\leqslant P^{L}\end{cases} \tag{2.3}$$

式中，P^{Huo} 为火电机组的电出力；$\alpha P_{h}+\beta$ 为热电机组的电出力；P^{Max} 为最大风机出力；P^{L} 为电负荷。

当 $J^{flag}=0$ 时，此时没有弃风，储热装置开始进行储热，电锅炉不工作；当 $J^{flag}=1$ 时，此时存在弃风现象，储热装置开始进行放热，若储热装置进行放热后还存在弃风，则电锅炉开始工作，电锅炉的工作标志为

$$H^{flag}=\begin{cases}P^{Huo}+[\alpha(P_{h}+P^{F})+\beta]+P^{Max}>P^{L}\\ P^{Huo}+[\alpha(P_{h}+P^{F})+\beta]+P^{Max}\leqslant P^{L}\end{cases} \tag{2.4}$$

当 $H^{flag}=1$ 时，储热装置和电锅炉同时工作；当 $H^{flag}=0$ 时，储热装置工作，电锅炉不工作。

在能量传递过程中，一般以水为传递介质。故在热量传递过程中，为了减少热量的损耗，通常在发电厂内部安装储热装置，储热装置一般为一个超大的储热罐，其通过输热管道与热负荷相连接，具体的连接示意图如图 2.8 所示。在白天，光照强度比较充足，能够提供一定的温度，故在白天需要的热量比较少，但是本书的调度方案是在白天增加热电机组的出力，在满足热负荷的前提下，将多余的能量储存在储热装置中。相反，由于夜间天气寒冷，温度比较低，此时需要更多的热量来满足热负荷的需求，正常情况下，热电机组的出力也应该增加，但是夜间是风能最为充足的时候，在发电的优先级上，风电由于不确定性，所以不可能优先发电，这就会导致风电发不上电，造成了资源的浪费。采用的调度策略是利用热电机组与储热装置中的热量相互配合来对用户进行供热，此方案的目的在于减少燃煤机组的出力，增加风电发电，大大提高了清洁能源的利用率。与此同时，热电机组的出力减少，不仅降低了发电成本，对于环境的保护也起着非常积极的作用。

在其他的储能技术中，抽水蓄能在我国得到了快速发展，特别是在我国南方水资源比较丰富的地区。这是由于抽水蓄能本身的一些优点所决定的，其能量装转换过程如图 2.9 所示。

(1)首先，抽水蓄能技术得以快速发展最重要的原因是水电站的启动时间比

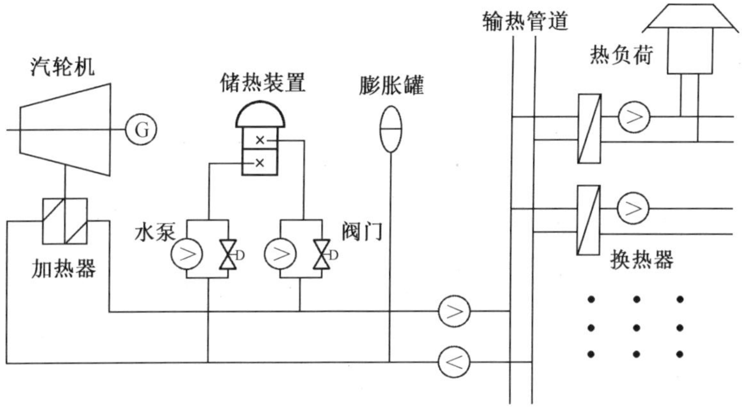

图 2.8 供热系统结构示意图

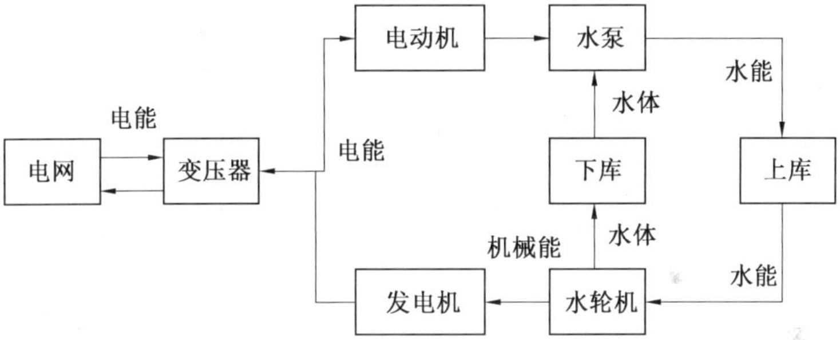

图 2.9 抽水蓄能电站的能量转换过程

较短，能够对负荷的变化快速地做出反应，同时还能够起到抗洪、灌溉的作用。在电力系统中一般承担着调频、调峰、削峰填谷等重要任务。

(2)抽水蓄能电站发电不需要化石燃料的燃烧，在一定程度上能够减少发电成本，具有良好的经济效益。

(3)抽水蓄能的发电过程没有污染物的排放，发电的动力来自于巨大的峰谷落差，将水的势能转变为电能。

综上所述，抽水蓄能电站具有经济、环保、节能等多重效益。

CHP 机组是能够同时产生电能和热能的灵活性资源，CHP 机组的运行原理则是利用汽轮机中做功产生电能，而做过功的蒸汽用来满足热负荷需求。CHP 机组在满足电负荷需求的同时，还能将热能供给用户，相较于其他单独供能的方式，是一种能够由单一燃料源生产电能和热能的可靠有效的方式，这样既可以降低运行成本，同时也可以节约大量的燃料，有利于环境保护，并提高机组的能源综合利用效率。

2.4 本章小结

本章首先提出了我国北方采用热电机组的原因，对热电联产与热电分产的能量效率进行了对比，对比表明热电联产的能源利用率更高。同时具体分析了几种机组的工作原理，提出了缓解弃风现象的有效方案，并对方案的可行性进行了分析。最后，给出了储热装置和电锅炉的工作条件。

第 3 章　考虑发电成本的单目标优化调度方法

在实际的电力生产中，发电成本是一项非常重要的经济指标，与国民经济息息相关。因此，如何合理安排发电计划就显得尤为重要。本章以煤耗量最小为目标，在满足各种约束的前提下，求得最佳的机组出力情况。

3.1　目标函数

以整个系统机组的煤耗量 F 最小为目标函数，风电的发电成本很小，故忽略不计。

$$\min F = a_i(P_{i,t}^{\mathrm{E}} + c_v P^{\mathrm{H}})^2 + b_i(P_{i,t}^{\mathrm{E}} + c_v P^{\mathrm{H}}) + c_i \tag{3.1}$$

式中，F 为火电机组和热电机组的发电成本；a_i、b_i、c_i 为机组的燃煤运行系数；c_{v} 为抽取单位热量导致发电量的减少量；$P_{i,t}^{\mathrm{E}}$ 为第 i 个机组 t 时刻的电功率；P^{H} 为机组的热功率。

3.2　约束条件

(1) 电负荷的实时平衡约束。

由于电能不能储存的特点，电力系统必须满足实时的电力平衡，即系统发出的电能大小必须与负荷的大小相等。

$$\sum_{i=1}^{N} P_{i,t}^{\mathrm{E}} + P_t^{\mathrm{W}} = P_t^{\mathrm{L}} + \theta P_t^{\mathrm{EB}} \tag{3.2}$$

式中，$\sum_{i=1}^{N} P_{i,t}^{\mathrm{E}}$ 为 t 时刻所有机组的电出力之和；P_t^{L} 为 t 时刻系统的电负荷值；P_t^{EB} 为电锅炉的电功率，当电锅炉工作时 $\theta = 1$，否者 $\theta = 0$。

(2) 热负荷的平衡约束。

系统对于热负荷的要求是使室内的温度维持在可行的区间，这是因为热网具有一定的热惯性，在供热热量变化不大时，室内的温度并不会发生显著的变化，不会影响供热质量。从燃煤成本上出发，系统供热热量应该等于热负荷。

$$\sum_{i=1}^{N} P_{i,t}^{\mathrm{H}} + \omega P_t^{\mathrm{F}} + \theta P_t^{\mathrm{EB}} = P_t^{\mathrm{L}} + (1-\omega) P_t^{\mathrm{C}} \tag{3.3}$$

式中，当 $\omega=1$ 时，储热装置释放能量；当 $\omega=0$ 时，储热装置储存能量。

(3) 机组出力的上下限约束。

电厂机组发电的原理是高温高压蒸汽进入汽轮机带动同轴发电机进行发电，而进气量的多少决定着发电量，每个机组都有一个蒸汽阀门，通过改变进气量来控制机组的出力，故机组的出力都要满足最大出力和最小出力为

$$P^{\mathrm{E,min}} \leqslant P_{i,t}^{\mathrm{E}} + C_{i,t}^{\mathrm{V}} \leqslant P^{\mathrm{E,max}} \tag{3.4}$$

(4) 机组爬坡速率的上下限约束。

机组的爬坡速率指的是单位时间内机组功率的变化量，这一衡量指标对于维持电力系统稳定具有重要的意义，机组功率的变化量过大或过小会严重地影响系统的稳定性。因此，控制好机组的爬坡速率是保证电能具有良好品质的前提。

$$\begin{cases} P_{i,t-1}^{\mathrm{E}} - P_{i,t}^{\mathrm{E}} \leqslant P_i^{\mathrm{down}} \\ P_{i,t}^{\mathrm{E}} - P_{i,t-1}^{\mathrm{E}} \leqslant P_i^{\mathrm{up}} \end{cases} \tag{3.5}$$

(5) 风机出力的约束。

由于风力具有波动性、不稳定性等特点，风机的出力应该不超过风力预测的最大值。

$$0 \leqslant P_t^{\mathrm{W}} \leqslant P_t^{\mathrm{W,max}} \tag{3.6}$$

(6) 电锅炉出力的约束。

对于电锅炉来说，由于设计参数最大功率的限制，所以电锅炉的出力应该不超过其最大功率。

$$0 \leqslant P_t^{\mathrm{EB}} \leqslant P_t^{\mathrm{EB,max}} \tag{3.7}$$

(7) 储热装置储、放热功率的约束。

$$\begin{cases} 0 \leqslant P_t^{\mathrm{F}} \leqslant P^{\mathrm{F,max}} \\ 0 \leqslant P_t^{\mathrm{C}} \leqslant P^{\mathrm{C,max}} \\ 0 \leqslant S_t^{\mathrm{C}} \leqslant S^{\mathrm{C,max}} \end{cases} \tag{3.8}$$

式中，$P^{\mathrm{F,max}}$、$P^{\mathrm{C,max}}$ 为单位时间内储热装置所允许释放功率以及最大吸收功率；

$S^{C,max}$ 为储热装置的最大储热容量。

决策变量有：热电机组的电出力 $P_{i,t}^{E}$、火电机组的出力 $P_{i,t}^{Huo}$、电锅炉在各个时刻的功率 P_t^{EB} 和储热装置的热量变化值 S_t。

3.3 求解算法的设计

前述 3.1 节所建立的目标函数是一个高阶非线性函数，采用数学方法很难得到解析解，这种高阶非线性规划问题一般都采用迭代的方法进行求解。采取改进的人工蜂群算法和粒子群算法两种群体智能算法对所建立的目标函数进行求解，并通过仿真结果比较两种算法的收敛时间、迭代次数、收敛好坏等性能指标。

3.3.1 粒子群算法简介

粒子群算法(Particle Swarm Optimization，PSO) 在目前优化调度的方法求解上是一种比较常用的算法，它是通过观察鸟类寻找食物进而获得启发从而演化出来的智能算法。在算法的迭代过程中，主要有两个变量进行迭代，分别为粒子的速度和位置，并通过这两个变量不断地优化自身的位置。其更新公式如式(3.9)、式(3.10) 所示。粒子群算法的流程图如图 3.1 所示。

$$V_{i(n+1)} = V_{i(n)} + m_1 r_1 (p_{\text{best}_{i(n)}} - X_{i(n)}) + m_2 r_2 (g_{\text{best}_{(n)}} - X_{i(n)}) \quad (3.9)$$

$$X_{i(n+1)} = X_{i(n)} + V_{i(n+1)} \quad (3.10)$$

式中，m_1、m_2 为学习因子，一般取 1 ～ 2 之间的任意数；r_1、r_2 为 0 ～ 1 之间的随机数；p_{best} 为个体极值；g_{best} 为全局最优值；n 为迭代次数。

粒子群算法的具体设计步骤如下：

(1) 对粒子的位置和速度进行初始化，其初始化分别如式(3.11)、式(3.12) 所示。

$$X_i = X^{\min} + \text{rand}(24,16) \times (X^{\max} - X^{\min}) \quad (3.11)$$

$$V_i = \text{rand}(24,16) \times X^{\max} \quad (3.12)$$

式中，$X^{\min}$ 是一个维度为 24 × 16 的矩阵，表示机组的电功率和热功率的最小值，其中矩阵的行数一共有 24 行代表着一天中的 24 个小时，指的是一天中每个机组在不同时刻的出力情况。在 3.4 节的算例仿真中，所采取的电源结构为 6 台热电联产机组和 2 台纯火电机组，共 8 台机组。同时，机组的出力又分为电功率

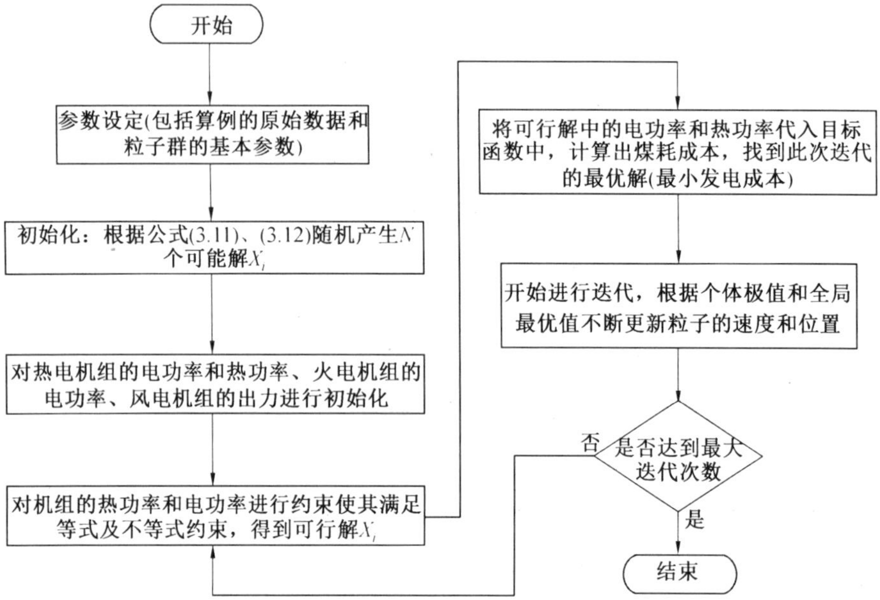

图 3.1　粒子群算法的流程图

和热功率，故矩阵一共有 16 列。其中前 8 列表示每台机组电功率的最小值，后 8 列表示每台机组热功率的最小值。X^{max} 表示机组的电功率和热功率的最大值；X_i 表示一天中每台机组的出力情况，也就是待求的状态变量，通过不断迭代，最终找到最优的 X_i，即机组一天中最优的发电安排。

(2) 粒子初始化的位置和速度往往得不到满足，必须满足电负荷平衡、热负荷平衡的等式条件，机组出力的上下限约束，机组爬坡速率的上下限约束，风机出力的约束，电锅炉出力的约束，储热装置储、放热功率的约束各种不等式约束条件。

(3) 将满足条件的每台机组的出力代入目标函数中，计算出燃煤成本，并对煤耗成本进行排序，得到最小发电成本的前提下，各个机组的出力情况。

(4) 根据个体极值和全局最优值更新每台机组的出力情况。

(5) 一直进行迭代，直到满足迭代停止条件，这时输出的解就是最优解，即一天每台机组的最优出力情况。

3.3.2　基本人工蜂群算法

人工蜂群算法(ABC) 在日前调度问题的求解上应用的还是比较少，是一种比较新型的智能算法。蜜蜂包括观察蜂、采蜜蜂和侦察蜂三种类型。在每次迭代中，全局最优值是由采蜜蜂、观察蜂、侦察蜂共同找到的。与此同时，蜜蜂与蜜蜂之间能够相互转换，如图 3.2 所示。蜂群根据贪婪原则不断地改变自身的位置，从而找到最优的蜜源(最优解)。其搜索公式为

$$new\_X_i = X_i + rand()(X_i - X_k) \tag{3.13}$$

式中，X_i 和 X_k 是一个维度为 24×16 的矩阵，24 行代表着一天中的 24 个小时，16 列代表着机组的电功率和热功率的出力情况，其中前 8 列表示每台机组的电功率出力分布情况，后 8 列表示每台机组的热功率出力分布情况；new_X_i 是根据不同蜂蜜的机组出力更新生成的新的机组出力分布。

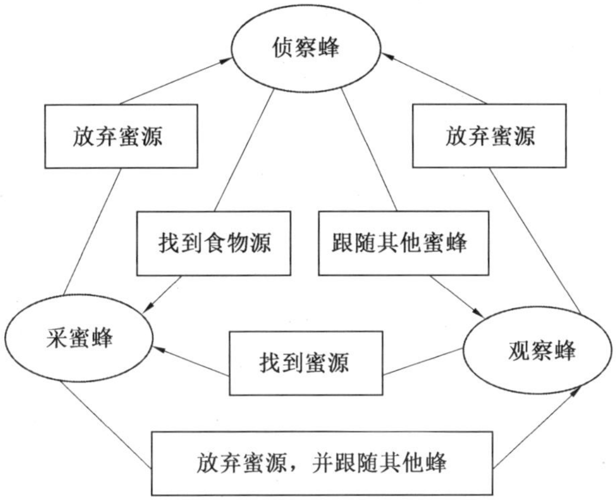

图 3.2 三种蜜蜂转换行为图

基本人工蜂群算法的求解过程可描述如下：

(1) 初始时刻，随机生成 N 个可行解$(X_1, X_2, \cdots, X_N)$，具体随机产生的可行解 X_i 为

$$X_i = X^{\min} + rand(0,1)(X^{\max} - X^{\min}) \tag{3.14}$$

式中，N 为种群规模的大小；$X^{\min}$ 是一个维度为 24×16 的矩阵，表示机组的电功率和热功率出力的最小值；$X^{\max}$ 也是一个维度为 24×16 的矩阵，表示机组的电功率和热功率出力的最大值；rand(0,1) 表示产生 0 ～ 1 之间的随机数。

采蜜蜂发现蜜源后，会吸引观察蜂前去采蜜，观察蜂是按照一定的概率来选择跟随的概率，采蜜蜂通过在观察区煽动翅膀跳舞来传递所发现蜜源的含蜜量，

蜜源的含蜜量越大，观察蜂跟随的概率就越大，蜜源由观察蜂选择的概率为

$$P_i = \frac{\text{fitness}_i}{\sum_{n=1}^{N} \text{fitness}_n} \tag{3.15}$$

式中，fitness_i 表示 8 台机组发电成本；$\sum_{n=1}^{N} \text{fitness}_n$ 表示采蜜蜂发现蜜源量的总和。

(2) 采蜜蜂放置蜜源后，还会在蜜源附近继续寻找新的蜜源，将新的蜜源代入目标函数中，计算出新的蜜源适应度，并利用贪婪原则选择更好的蜜源，蜜源更新的概率分布如下式所示。

$$P\{T_s(X_i, \text{new\_}X_i) = \text{new\_}X_i\} = \begin{cases} 1, & f(\text{new\_}X_i) \geqslant f(X_i) \\ 0, & f(\text{new\_}X_i) < f(X_i) \end{cases} \tag{3.16}$$

式中，P 为蜜源更新的概率，如果将新的机组出力情况代入目标函数中，所计算出的发电成本小于上一次迭代的发电成本，则更新机组的出力，将新的蜜源视为最优解；如果大于上一次的发电成本，则保留上一次的机组出力分布情况。

蜜蜂采蜜过程如图 3.3 所示。UF 为未被雇佣蜂(Unemployed Foragers)，EF 为雇佣蜂(Employed Foragers)，R 为蜜源招募蜂(Recruit)，S 为侦察蜂(Scouter)。

为了更好地说明人工蜂群算法与所优化问题之间的相互联系，本书建立了人工蜂群算法的专业术语与所优化问题的一一对应关系，见表 3.1。

表 3.1 采蜜行为与优化问题的对应关系

蜜蜂采蜜行为	优化问题
蜜源的位置	优化问题可行解
蜜源花蜜量	可行解的质量
最大花蜜量	优化问题最优解

3.3.3 基于交叉操作的全局人工蜂群算法

参照粒子群优化算法，将全局最优值加入到人工蜂群算法的邻域搜索公式中，具体搜索公式如式(3.17) 所示。

$$\text{new\_}X_i = X_i + \text{rand}(0.1)(X_i - X_k) + \beta(X^{\text{Global}} - X_i) \tag{3.17}$$

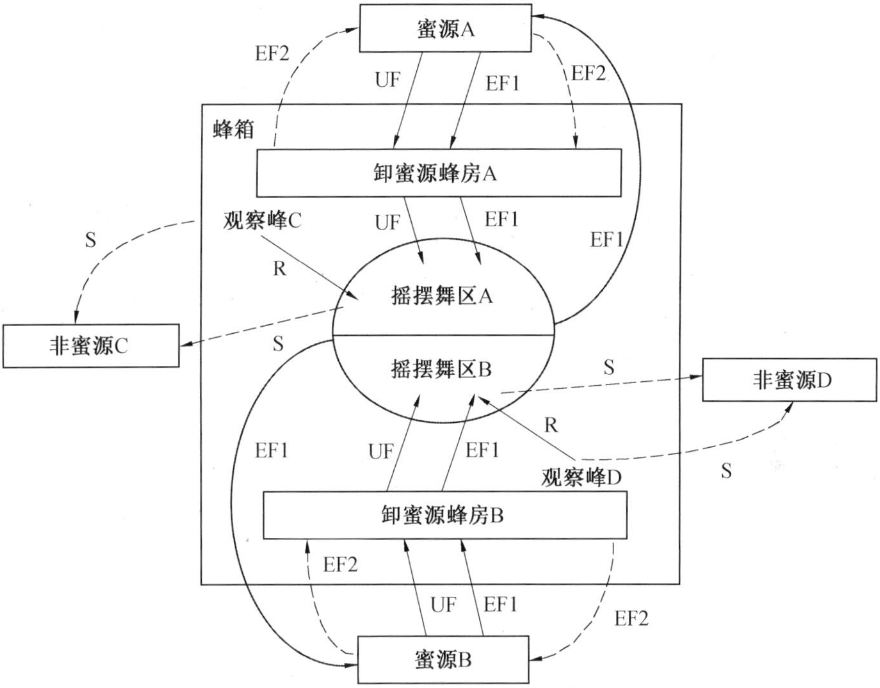

图 3.3 蜜蜂采蜜过程

式中，β 为调节因子，一般为 0 ～ 1.5 之间的随机数，在搜索公式中加入全局最优解 X^{Global} 后，扩大了搜索区域，减少了算法迭代的次数。

蜜蜂在蜜源附近搜索新的蜜源，之后按一定的概率进行交叉变异操作，更新蜜源的位置，二项交叉操作如图 3.4 所示。

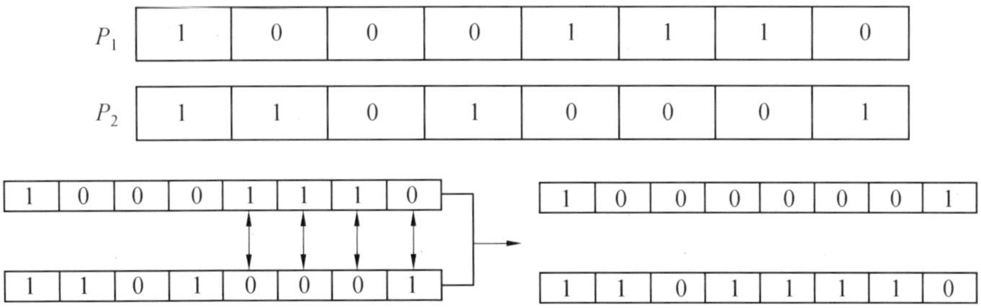

图 3.4 交叉操作

P_1、P_2 是两个个体，首先产生一个随机数字 4，然后将两个个体的后四位进行基因位置互换的操作，进而将两个独立的个体合成一个新的个体。蜜蜂按一定的概率进行交叉变异，如果预先设定的交叉系数大于 rand 语句随机生成的值，则蜜蜂按照前述规则进行位置互换；否则保留当前蜜源。具体操作如式(3.18)所示。

$$\text{new\_}X_i=\begin{cases}X_i, & \text{rand}<\text{cr}\\ X^{\text{Global}}+\beta(X^{\text{Global}}-X_i), & \text{其他}\end{cases} \tag{3.18}$$

图 3.5 设计了基于交叉操作的全局人工蜂群算法流程图，它将全局人工蜂群算法与交叉操作相结合，能够扩大解的搜索范围，同时减少算法的迭代时间。基于改进的全局人工蜂群算法交叉部分的操作步骤如图 3.6 所示。

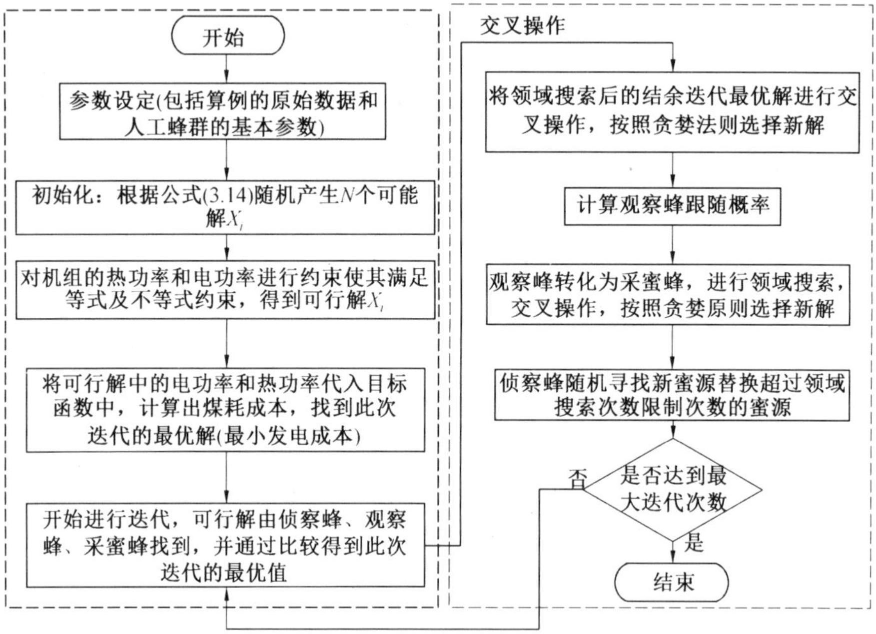

图 3.5 基于交叉操作的全局人工蜂群算法流程图

基于交叉操作的全局人工蜂群算法的设计步骤如下：

首先，人工蜂群算法与粒子群算法相似，步骤 1、2、3 与上述的粒子群算法一样，都是对参数进行初始化，随机产生 N 个可行解，并对解进行约束使其满足等式和不等式条件。交叉操作是将采完蜜的采蜜蜂进行交叉变异，使之成为侦察蜂继续寻找新的蜜源，并利用贪婪原则，保留更好的解，从而扩大了搜索范围。同时，人工蜂群算法具有邻域搜索限制，当最优蜜源在几次迭代中都没有更新时，蜂蜜会放弃这个蜜源，去寻找新的蜜源，能够有效地防止局部最优。

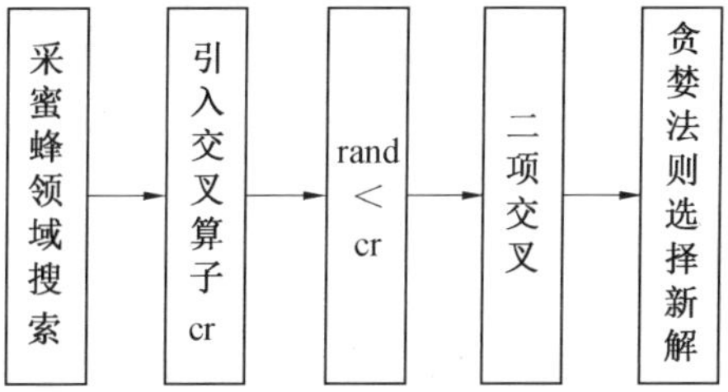

图 3.6　交叉部分操作步骤

为了使算法更加通俗易懂，丰富算法的完整性，本书设计了基于交叉操作的人工蜂群算法的伪代码，如下所示。

输入：调度步长 Δt，调度时间 T；最大电、热功率 $X^{\max}$；最小电、热功率 $X^{\min}$；负荷预测值 P^{Eload}；风电功率的预测值 P^{W}；迭代次数 iter_n，$1 \leqslant n \leqslant M$；更新标志 trial($i$)。

输出：机组的各个时刻电功率的大小 P_i^{E}；热功率出力 P_i^{H}；电锅炉功率 P_i^{B}；储热装置的热量变化值 S_i^{C}；全局最优解 zbest。

初始化：计算初始时刻各个机组的出力情况

$$X_i(0) = X^{\min} + \text{rand}(0,1)(X^{\max} - X^{\min}), i \in n$$

对机组的实时出力进行约束

if $X_i(0) < X^{\min}$ then $X_i(0) = X^{\min}$

if $X_i(0) > X^{\max}$ then $X_i(0) = X^{\max}$

将可行解代入目标函数中计算适应值 $\text{fitness}_i^{(0)}$

开始进行迭代处理

当迭代次数小于最大迭代次数

for $i = 1, 2, \cdots, n$ do

随机生成可行解 $X_i^{(n)}$ 并对其进行约束，使其满足在可行域区间

if $X_i^{(n)} > X^{\max} \mid\mid X_i^{(n)} < X^{\min}$

$X_i^{(n)} = X^{\max} \mid\mid X_i^{(n)} = X^{\min}$

end

10 计算新的适应值 $new\_fitness_i$

11 if $new\_fitness_i < fitness_i$ then

将更优的适应值 $new\_fitness_i$ 保存在全局最优值 zbest 中，同时适应值标志向量 $trial(i)=0$

12 else

13 最优值 $fitness_i$ 保持不变

$trial(i)=trial(i)+1$

14 end

15 if 适应值标志向量 $trial(i)>$ 适应值最大不变次数 Limit

16 Go back to step 7

17 end

18 根据交叉概率选择是否更新最优解

19 if $rand < cr$

$new\_X_i = X_i$

20 else

$new\_X_i = X^{Global} + \beta(X^{Global} - X_i)$

21 end

22 end

23 当达到设定的最大迭代次数时，停止迭代得到最优解下所对应的各个机组的出力 P_i^E

3.4 算例仿真

3.4.1 原始数据

为了检验构建模型的可行性，本书的算例采取我国北方某一区域电网真实的电源结构，系统的电负荷以及风电功率预测见表 3.2，电网的装机类型以及装机容量见表 3.3，机组参数见表 3.4。算例的电源结构包括 6 台热电机组、2 台纯凝式机组以及 1 台风电机组。其中热电机组 1、2、3 属于热电厂一，热电机组 4、5、6 属于热电厂二。每个热电厂分别对区域 1、区域 2 进行供热，假设供热的热量不变，均为 900 MW。

表 3.2　电负荷以及风电功率预测

时间	电负荷/MW	风电功率/MW	时间	电负荷/MW	风电功率/MW
09:00	2 130	255	21:00	1 915	268
10:00	2 208	233	22:00	1 860	270
11:00	2 296	194	23:00	1 800	269
12:00	2 254	186	24:00	1 782	250
13:00	2 112	202	01:00	1 702	241
14:00	2 140	190	02:00	1 696	258
15:00	2 262	181	03:00	1 694	268
16:00	2 400	217	04:00	1 716	278
17:00	2 350	223	05:00	1 770	288
18:00	2 182	235	06:00	1 792	300
19:00	2 098	255	07:00	1 864	280
20:00	2 038	260	08:00	1 946	262

表 3.3　类型及装机容量

机组类型	装机容量/MW	所占比例/%
纯凝式机组	700	25
热电机组	1 800	64.3
风电机组	300	10.7

表 3.4　机组参数

机组	最大发电功率/MW	最小发电功率/MW	最大供热功率/MW	a_i	b_i	c_i	向上爬坡速率/(MW·h)	向下爬坡速率/(MW·h)
1	200	100	250	0.000 171	0.270 5	11.537	50	50
2	350	175	450	0.000 072	0.229 2	14.618	70	70
3	350	175	450	0.000 072	0.229 2	14.618	70	70
4	300	150	400	0.000 076	0.271 6	18.822	80	80
5	300	150	400	0.000 076	0.271 6	18.822	80	80
6	300	150	400	0.000 076	0.271 6	18.822	80	80
7	200	80	0	0.000 171	0.270 5	11.537	50	50
8	500	200	0	0.000 038	0.271 6	37.645	130	130

在实验仿真中，对一天中每个小时机组的具体出力进行优化调度，$t=1,2,3,\cdots,24$。同时，基于软件MATLAB设计并编制了上述改进人工蜂群和粒子群的算法程序，通过不同求解结果的性能指标来比较两种算法之间的优缺点。

3.4.2 仿真结果分析

图3.7为无储热的仿真结果，从仿真结果能够看出，在加入储热装置之前，从下午18:00到早上8:00存在着大量的弃风，而早上9:00到下午18:00几乎不存在弃风。

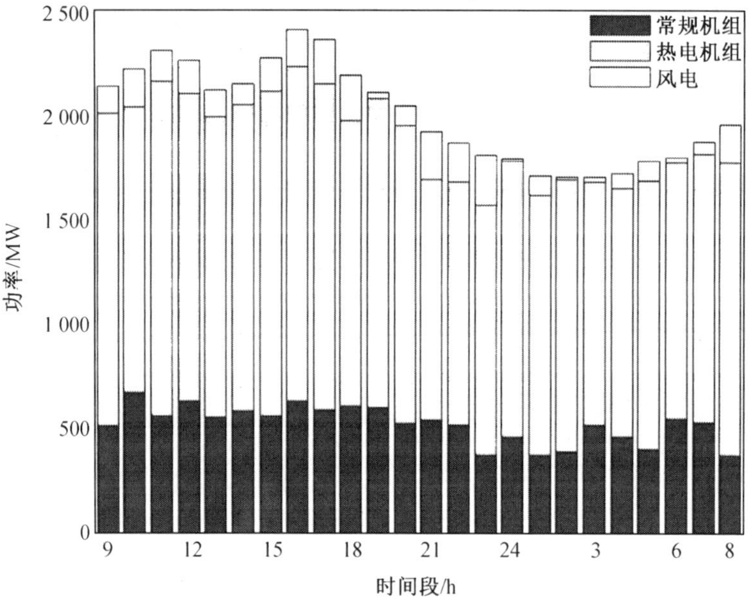

图3.7 无储热方式下机组的出力情况

电负荷的功率预测曲线如图3.8所示，从图中可知，用电的高峰集中在9～18时之间，风能几乎没有损失全部上网发电。在夜间21～6时，用电量的需求相对比较低，而且由于风能的不稳定性不可能安排其优先发电，这样一来留给风电的发电空间十分有限。此时段又是供热需求的高峰，燃煤机组需要根据热负荷的变化来调整其出力的大小，风电发电的机会进一步被压缩，大量的风能得不到有效的利用，造成了资源的极大浪费。

为了有效地缓解弃风现象，本书的调度策略是在传统的热电机组中加入储

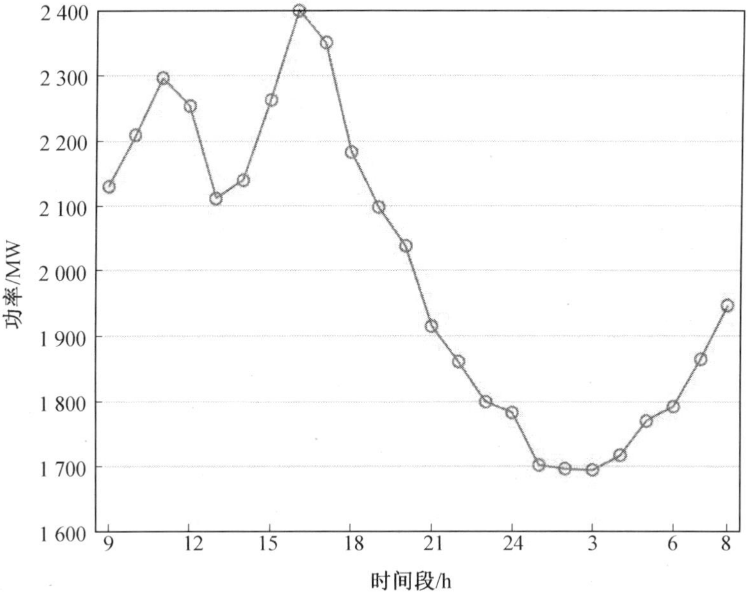

图 3.8 电负荷的功率预测曲线

热装置，在白天 9～18 时，所有的风能全部用来发电无弃风，故此时增加燃煤量，将蒸汽的热量储存到储热装置中。在夜间 19～8 时，处于弃风时段，此时将白天储存的热量释放，为风电创造出发电的空间。

加入储热装置后，各个机组的出力如图 3.9 所示，从图中可以看出，此调度方案并没有改变热电机组的热化发电量，热电机组一天中总发电量并没有发生较大的变化，此外，由于系统中加入了储能装置，风电的发电量得到了显著提升，几乎所有的风电都得到了有效利用，更多清洁能源的加入对于环境的改善效果也是非常明显的。从图中还可以看出，纯火电机组和热电机组的出力显著降低，极大地节省了发电成本，不仅具有良好的经济效益，更重要的是，燃煤机组出力的降低，不仅减少了化石燃料的燃烧，节约了成本，特别是近些年来全球范围内自然灾害频发的现象，碳排放的锐减对于减少自然灾害的发生起着非常重要的作用。

参考方式和储热方式的风电出力情况如图 3.10 所示。参考方式下，低负荷时段(18:00～8:00)弃风现象十分严重，风电几乎得不到上网的机会。加入储热装置后，风机的出力基本与风电功率预测曲线相一致，弃风现象得到了明显的改善，极大地提高了风电的利用率。

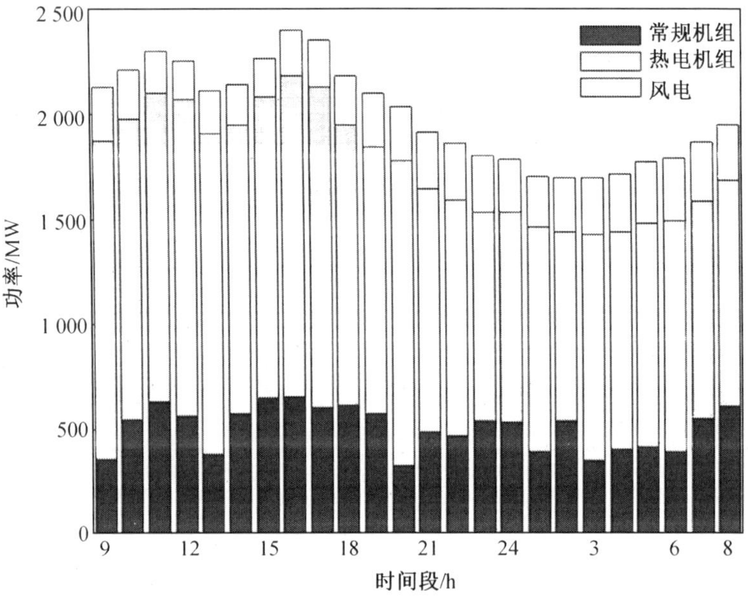

图 3.9　加入储热装置后机组的出力情况

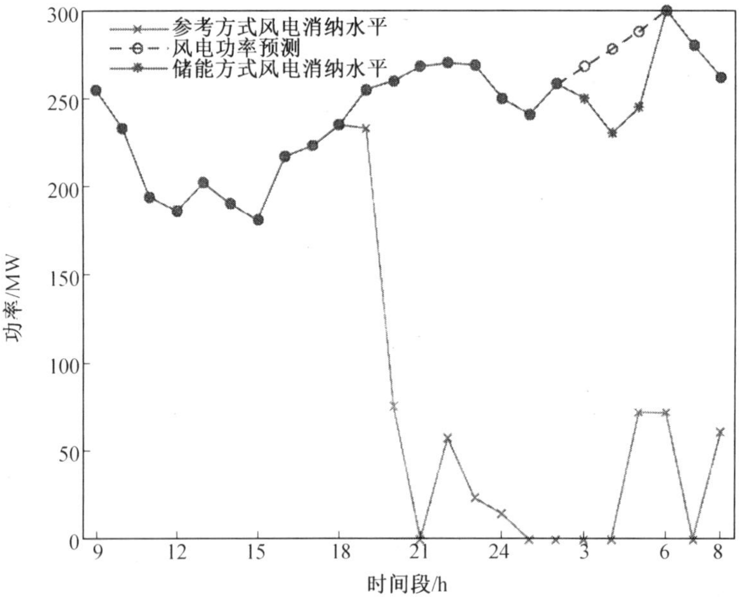

图 3.10　风电出力情况

区域1和区域2储热装置的热量变化如图3.11所示，从图中可以看出，在9～21时这一时间段内，储热装置储存热量，说明这一时间段内所有的的风电都得到了发电的机会，无弃风现象；在21～8时这一时间段内，储热装置开始释放热量，说明这一时间段内，存在弃风现象，这与图3.10风电出力的情况相一致，从而说明仿真结果的正确性。

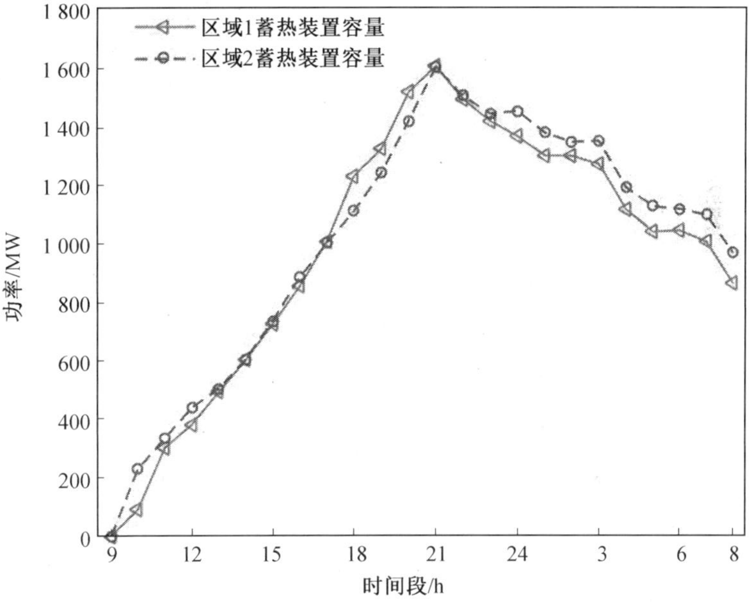

图3.11 储热装置的热量变化

图3.12、图3.13分别是采用人工蜂群算法和粒子群算法求解，每台机组具体的电功率出力情况。

从图3.12、图3.13的仿真图可以得出，从整体机组出力的趋势来看，ABC求解的机组出力更加平稳，变化幅度小，有利于机组的正常运行，比较容易实现。相反，在图3.13中，特别是第4个和第5个机组出力的变化幅度比较大，而机组功率的变化往往需要一定的时间，并且功率变化较大不利于机组的运行。综上所述，人工蜂群算法在稳定程度上要优于粒子群算法。

在收敛次数上，本书采用了粒子群算法、人工蜂群算法和改进的全局人工蜂群进行求解，每种算法的收敛次数如图3.14所示。由图中曲线可知，GABC的收敛次数大约在40～50次，要远远小于ABC和PSO。

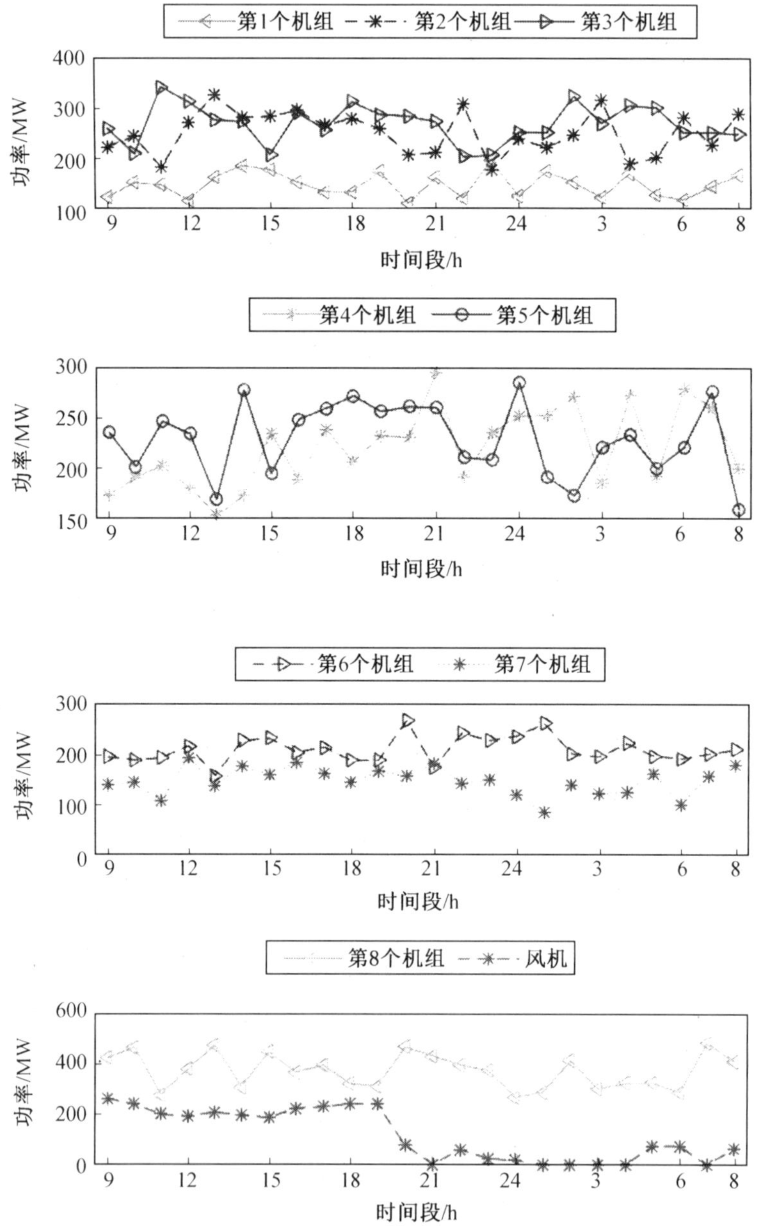

图 3.12　人工蜂群算法的仿真图

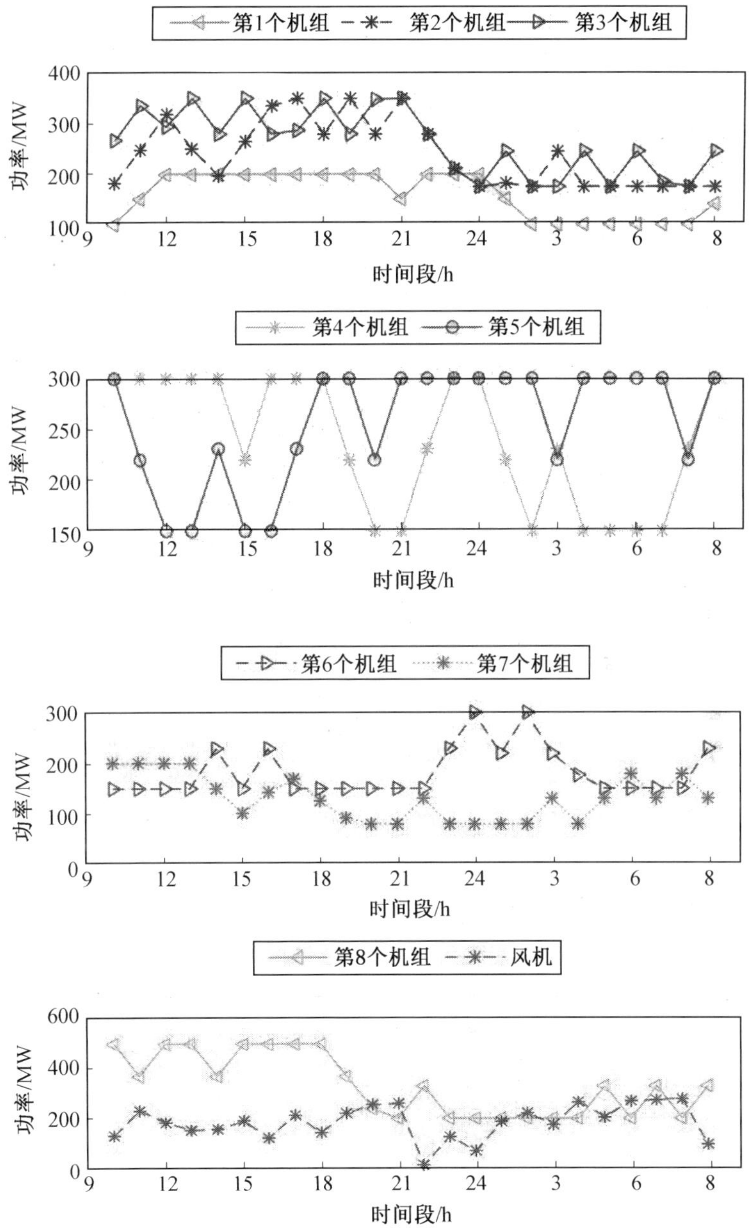

图 3.13　粒子群算法的仿真图

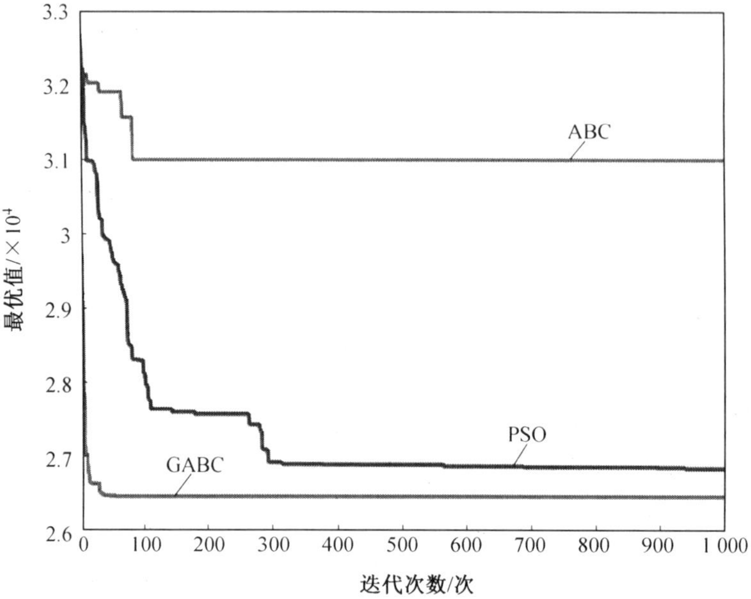

图 3.14　迭代次数

同时，算法的求解时间也是评价算法优劣的另一项重要指标，在其他参数相同的条件下，分别计录人工蜂群算法和粒子群算法求解算例所用的时间。为了避免偶然性，取 10 次运行时间的平均值作为比较准则，见表 3.5。从运行结果来看，ABC10 次的平均时间为 0.883 772 s，与 PSO 相比求解速度更快。

表 3.5　仿真运行时间

运行次数	人工蜂群算法运行时间/s	粒子群算法运行时间/s
1	0.884 280	3.449 543
2	0.890 126	3.753 758
3	0.900 890	3.525 356
4	0.889 605	3.233 461
5	0.900 808	3.468 850
6	0.873 453	3.292 744
7	0.850 203	3.367 196
8	0.918 579	3.375 366
9	0.874 527	3.201 665
10	0.855 253	3.267 189
平均值	0.883 772	3.395 513

由于采取的智能算法具有一定的随机性，为了验证算法的有效性，运行50次并保存数据作出箱线图，机组出力运行的区间如图3.15所示。

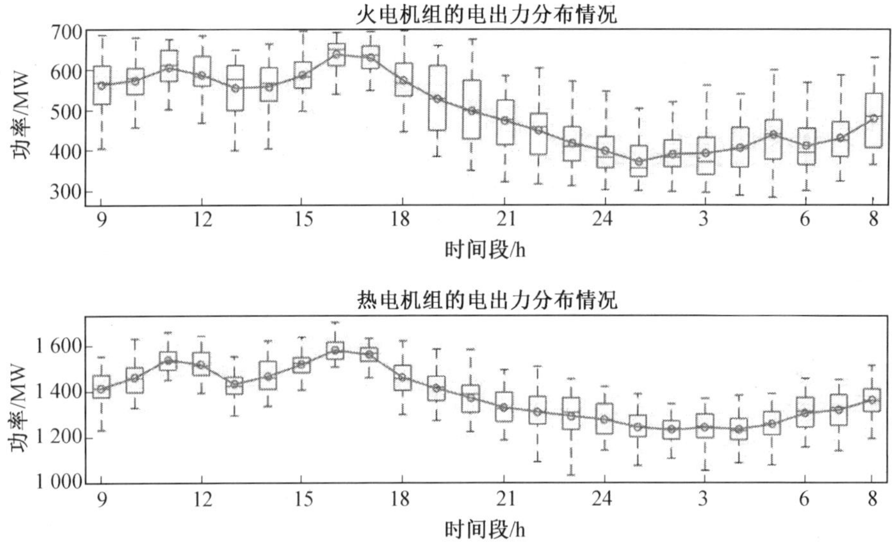

图3.15　机组出力分布情况

根据箱线图的走势可以大概看出，机组在负荷高峰(非弃风时段)保持着较高的出力，而在夜间机组的出力明显地减小，这是由于加入储热装置后，减少了热电机组的出力，风电的上网空间得到了增加，这与期待的结果也是相吻合的。

3.5　风电消纳的经济性分析

在建模的过程中，加入的电锅炉增加了风电的上网空间，但也作为负荷消耗了一部分电能，增加了系统的成本，同时电锅炉的维护也产生了部分费用。在构建经济性模型时，这些因素都应考虑在内。

3.5.1　收益来源

系统的收益主要包括电厂的供电收益和供热收益，分别如式(3.19)、式(3.20)所示。

(1)供电收益。

$$R^{\mathrm{E}}=\sum_{t=1}^{T}(\rho_t^{\mathrm{CHP}}E_t^{\mathrm{CHP}}+\rho_t^{\mathrm{CON}}E_t^{\mathrm{CON}}+\rho^{\mathrm{Wind}}E_t^{\mathrm{Wind}}) \tag{3.19}$$

式中，R^{E} 为供电所产生的总收益；ρ_t^{CHP}、ρ_t^{CON}、ρ^{Wind} 分别为热电机组、火电机组、风电机组的单位电价(元 /MW)；E_t^{CHP}、E_t^{CON}、E_t^{Wind} 分别为热电机组、火电机组、风电机组一个调度周期的上网电量(MW)。

(2) 供热收益。

$$R^{\mathrm{H}}=\rho^{\mathrm{H}}Q^{\mathrm{CHP}} \tag{3.20}$$

式中，R^{H} 为供热所产生的总收益；ρ^{H} 为热电机组的单位供热价格；Q^{CHP} 为一个调度周期内热电机组的供热量。

3.5.2 成本来源

整个系统的成本主要来源于电厂的燃煤费用、电锅炉的启停费用以及电锅炉的维护费用。

(1) 燃煤费用。

$$R^{\mathrm{F}}=\rho^{\mathrm{F}}(F^{\mathrm{CHP}}+F^{\mathrm{CON}}) \tag{3.21}$$

式中，R^{F} 为系统燃煤总费用；ρ^{F} 为燃煤单价(元 /t)；F^{CHP}、F^{CON} 分别为热电机组和火电机组一个调度周期内所消耗的煤耗量。

(2) 电锅炉的启停费用。

由于电锅炉作为负荷加入到系统中，故电锅炉投入运行时将消耗一定的电量，产生部分费用，如式(3.22) 所示。

$$R^{\mathrm{ope}}=\sum_{t=1}^{T}\left(\rho_t^{\mathrm{ope}}\times\sum_{i=1}^{N}P_{i,t}^{\mathrm{EB}}\right) \tag{3.22}$$

式中，R^{ope} 为电锅炉投入运行所产生的费用；ρ_t^{ope} 为电锅炉单位电价；$P_{i,t}^{\mathrm{EB}}$ 为电锅炉运行功率。

(3) 电锅炉的维护费用。

电锅炉的长期使用，必然会带来一些安全隐患，故其定期的维修检查必不可少，由此产生的费用如下式所示。

$$R^{\mathrm{dep}}=\frac{I\,(1+I)^n}{(1+I)^n-1}\times V^{\mathrm{E}} \tag{3.23}$$

$$R^{\mathrm{main}}=\beta C\times P_{i,t}^{\mathrm{EB}} \tag{3.24}$$

式中，R^{dep} 为锅炉折旧的费用(元 / 年)；R^{main} 为电锅炉每年维护的费用；V^{E} 为系统中电锅炉的安装成本；I 为周转资金利息；n 为电锅炉的使用寿命；C 为单位功率电锅炉所需要的成本(元 /MW)；β 为电锅炉的维护系数。

3.5.3 系统利益

系统利益等于系统的收益减去系统的成本，由上述公式可知

$$R = R^{E} + R^{H} - R^{F} - (R^{dep} + R^{main})T/T_{\alpha} - R^{ope} \tag{3.25}$$

式中，T 为调度周期的时间；T_{α} 为电锅炉总成本的分摊时间。

系统加入电锅炉之前的利益如下：

$$R' = R'^{E} + R'^{H} - R'^{F} \tag{3.26}$$

3.5.4 经济性分析

本节基于 3.4.2 节的仿真结果以及上述所构建的经济性分析模型，进行模型改进前后的经济性分析，所需要的计算参数见表 3.6。

表 3.6 计算参数

计算参数	价格 /(元 · MW^{-1})
ρ_t^{CHP}	380
ρ_t^{CON}	400
ρ^{Wind}	600
ρ^{F}	700
ρ^{H}	30

加入电锅炉前后，分别将人工蜂群算法和粒子群算法的求解结果代入上述构建的经济性模型中，系统总煤耗量以及总利益对比见表 3.7。

表 3.7 经济性对比图

运行模式	PSO 煤耗量/t	PSO 纯利润/万元	ABC 煤耗量/t	ABC 纯利润/万元
不含电锅炉	13 760	572.238	13 404	602.450
含电锅炉	12 952	618.545	12 643	688.222

由表 3.7 可知，加入电锅炉后，可以降低系统的发电成本，增加利润，使系统具有较好的经济性。同时，改进的人工蜂群算法的求解结果具有更低的煤耗量、更高的利润、更优的经济性能指标，从而进一步证明了人工蜂群算法的优越性。

3.6 本章小结

本章建立了以最小发电成本为目标的函数，以机组爬坡率、机组容量限制等为约束条件，以热电机组的电出力、热电机组的热出力、火电机组的电出力、电锅炉在各个时刻的出力、储热装置热量变化量为决策变量的热电联合系统调度模型。设计并编制了粒子群算法和改进的人工蜂群算法，包括侦察蜂、观察蜂、采蜜蜂适应值函数、蜜蜂之间的转换机制等。针对某一区域的电源结构进行了算例仿真，分别用粒子群算法和改进的人工蜂群算法对所构建的模型进行求解，并基于仿真结果进行了对比。通过仿真结果可以得出：改进的人工蜂群算法在收敛次数上、运行时间上以及发电成本上都具有更优的性能指标。

第 4 章 考虑发电成本和碳排放量的多目标优化调度方法

在实际的电力生产过程中，除了发电成本的经济性能指标外，环境因素也逐渐成为电力系统生产调度的重要指标。发电厂在保证安全可靠供电的前提下，应尽可能减少对环境的影响。因此，本章以经济效益和碳排放两个性能指标为目标函数，建立了多目标经济环境调度模型。

两个目标函数往往相互制约不能同时满足是相互矛盾的。即发电成本较低时，碳的排放量就会很高，换而言之，在具有较好的经济性前提下，碳的排放量又很低，这是很难实现的。

4.1 目标函数

4.1.1 经济调度

以整个系统机组的煤耗量 F 最小为目标函数，风电的发电成本很小，故忽略不计。

$$\min F_1 = a_i(P_{i,t}^{\mathrm{E}})^2 + b_i P_{i,t}^{\mathrm{E}} + c_i \tag{4.1}$$

式中，F_1 为火电机组和热电机组的发电成本；α_i、b_i、c_i 为机组的燃煤运行系数；$P_{i,t}^{\mathrm{E}}$ 为机组的电功率；P^{H} 为机组的热功率。

4.1.2 环境调度

环境调度以火电厂的碳排放量最小为目标函数，碳排放量与机组的电功率大小有关，是电功率的一元二次函数，具体函数关系如下所示。

$$\min F_2 = 10^{-2}(\alpha_i + \beta_i P_{i,t}^{\mathrm{E}} + \gamma_i (P_{i,t}^{\mathrm{E}})^2) + \xi_i \mathrm{e}^{\lambda_i P_{i,t}^{\mathrm{E}}} \tag{4.2}$$

式中，F_2 为污染气体的排放量；α_i、β_i、γ_i、ξ_i、λ_i 为机组的污染排放系数；$P_{i,t}^{\mathrm{E}}$ 为机组的电功率。

4.2 约束条件

(1) 电负荷的实时平衡约束。

由于电能不能储存的特点，电力系统必须满足实时的电力平衡，即系统发出来的电能大小必须与负荷的大小相等。

$$\sum_{i=1}^{N} P_{i,t}^{E} + P_{t}^{W} = P_{t}^{L} + \theta P_{t}^{EB} \tag{4.3}$$

式中，$\sum_{i=1}^{N} P_{i,t}^{E}$ 为 t 时刻所有机组的电出力之和；P_{t}^{L} 为 t 时刻系统的电负荷值；P_{t}^{EB} 为电锅炉的电功率，当电锅炉工作时 $\theta=1$，否者 $\theta=0$。

(2) 热负荷的平衡约束。

系统对于热负荷的要求是保持室内的温度维持在可行的区间，这是因为热网具有一定的热惯性，在供热热量变化不大时，室内的温度并不会发生显著的变化，不会影响供热质量。从燃煤成本上出发，系统供热热量应该等于热负荷。

$$\sum_{i=1}^{N} P_{t}^{H} + \omega P_{t}^{F} + \theta P_{t}^{EB} = P_{t}^{L} + (1-\omega) P_{t}^{C} \tag{4.4}$$

式中，当 $\omega=1$ 时，储热装置释放能量；当 $\omega=0$ 时，储热装置储存能量。

(3) 机组出力的上下限约束。

电厂机组发电的原理是高温高压蒸汽进入汽轮机带动同轴发电机进行发电，而进气量的多少决定着发电量，每个机组都会有一个蒸汽阀门，通过改变进气量来控制机组的出力，故机组的出力都要满足最大出力和最小出力为

$$P^{E,\min} \leqslant P_{i,t}^{E} + C_{i,t}^{V} \leqslant P^{E,\max} \tag{4.5}$$

(4) 机组爬坡速率的上下限约束。

机组的爬坡速率指的是单位时间内机组功率的变化量，这一衡量指标对于维持电力系统稳定具有重要的意义，机组功率的变化量过大或过小都会严重地影响系统的稳定性。因此，控制好机组的爬坡速率是保证电能具有良好品质的前提。

$$\begin{cases} P_{i,t-1}^{E} - P_{i,t}^{E} \leqslant P_{i}^{down} \\ P_{i,t}^{E} - P_{i,t-1}^{E} \leqslant P_{i}^{up} \end{cases} \tag{4.6}$$

(5) 风机出力的约束。

由于风力具有波动性、不稳定性等特点，风机的出力应该不超过风力预测的最大值。

$$0 \leqslant P_t^{\mathrm{W}} \leqslant P_t^{\mathrm{W,max}} \tag{4.7}$$

(6) 电锅炉出力的约束。

对于电锅炉来说，由于设计参数最大功率的限制，所以电锅炉的出力应该不超过其最大功率。

$$0 \leqslant P_t^{\mathrm{EB}} \leqslant P_t^{\mathrm{EB,max}} \tag{4.8}$$

(7) 储热装置储、放热功率的约束。

$$\begin{cases} 0 \leqslant P_t^{\mathrm{F}} \leqslant P^{\mathrm{F,max}} \\ 0 \leqslant P_t^{\mathrm{C}} \leqslant P^{\mathrm{C,max}} \\ 0 \leqslant S_t^{\mathrm{C}} \leqslant S^{\mathrm{C,max}} \end{cases} \tag{4.9}$$

式中，$P^{\mathrm{F,max}}$、$P^{\mathrm{C,max}}$ 表示单位时间内储热装置所允许释放功率以及最大吸收功率；$S^{\mathrm{C,max}}$ 表示储热装置的最大储热容量。

决策变量有：热电机组的电出力 $P_{i,t}^{\mathrm{E}}$、火电机组的出力 $P_{i,t}^{\mathrm{Huo}}$、电锅炉在各个时刻的功率 P_t^{EB} 和储热装置的热量变化值 S_t。

4.3 求解方法的设计

前述 4.1 节所建立的目标函数是一个高阶非线性函数，采用数学方法很难得到解析解，这种高阶非线性规划问题一般都采用迭代的方法进行求解。本节采取改进的人工蜂群算法和粒子群算法两种群体智能算法对所建立的目标函数进行求解，并通过仿真结果比较两种算法的收敛时间、迭代次数、收敛好坏等性能指标。

本节采取的求解算法与单目标所设计的求解算法一样，采用 ABC 和 PSO 两种算法对所建立的模型进行求解。

粒子群算法的具体设计步骤如下：

(1) 对粒子的位置和速度进行初始化，其初始化分别如式(4.10)、式(4.11)所示。

$$X_i = X^{\min} + \mathrm{rand}(1,6) \times (X^{\max} - X^{\min}) \tag{4.10}$$

$$V_i = \text{rand}(1,6) \times X^{\max} \tag{4.11}$$

式中，$X^{\min}$ 表示机组的电功率的最小值，是一个维度为 1×6 的矩阵，其中矩阵的行数共有 1 行，代表着调度时长为 1 h，列数共有 6 列，代表着 6 台机组电功率的大小；$X^{\max}$ 表示机组电功率的最大值。

(2)粒子初始化的位置和速度往往得不到满足，但必须满足电、热负荷平衡的等式条件，机组出力约束，电锅炉功率约束，储热装置储、放热功率的约束各种不等式约束条件。

(3)将满足条件的每台机组的出力代入目标函数中，计算出燃煤成本和污染气体的排放量，并根据其支配排序的方法构造非支配集。

(4)根据个体极值和全局最优值更新每台机组的出力情况。

(5)一直进行迭代，直到满足迭代停止条件，得到最优 Pareto 前沿面。

基于交叉操作的全局人工蜂群算法的设计步骤如下：

首先，人工蜂群算法与粒子群算法相似，步骤(1)、(2)、(3)与上述粒子群算法一样，都是对参数进行初始化；随机产生 N 个可行解；并对解进行约束使其满足等式和不等式条件。交叉操作是将采完蜜的采蜜蜂进行交叉变异，使之成为侦察蜂继续寻找新的蜜源，并利用贪婪原则，保留更好的解，从而扩大了搜索范围。同时，人工蜂群算法具有邻域搜索限制，当最优蜜源在几次迭代中都没有更新时，蜜蜂会放弃这个蜜源，去寻找新的蜜源，能够有效地防止局部最优。

多目标问题并不是只有一个最优解，其问题的解是由 Pareto 前沿面构成的一个解集，求解多目标函数的过程实际上就是求解 Pareto 前沿面的过程。

采取非支配排序的方法来构建 Pareto 前沿面，具体过程如下：首先，在可行解的解集中取出第一个解作为 Pareto 解集中的最优解，然后在解集中取出第二个解与第一个解进行比较，淘汰劣解保留优解，再取出第三个解与 Pareto 解集中的解进行比较，依次类推。方法设计的详细步骤如下所示。

构造进化群体的非支配集，结果放在 P' 中

```
P' = find_nondominated_front(P);
P' = {1};                                //将第一个个体放入 P'中
for each p ∈ P                           //每次取一个个体
```

$\{P'=P'\cup\{p\}$;　　　　　　　　　　//将个体 p 放入 P' 中

　　for each $q\in P'\cap q\neq p$　　　　　//比较 p 与 P' 中其他个体 q 之间的支配关系

　　　　$\{$if $p>q$ then $P'=P'\backslash\{q\}$　　//若 p 支配 q，则删除 q

　　　　　else if $q>p$ then $P'=P'\backslash\{p\}\}\}$ //若 q 支配 p，则删除 p

---

本章以发电成本、污染气体排放量为优化目标(图 4.1)。Pareto 曲线上的点都是待求问题的可行解，需要采取某种评价指标来找到一个最优解。采取的评价指标是 Pareto 的点到 T 点的距离最短。其中，P 点是发电厂发电成本的最小值，R 点是污染气体排放量的最小值。因此，在曲线上距离 T 点最近的点 Q 为折中最优解。

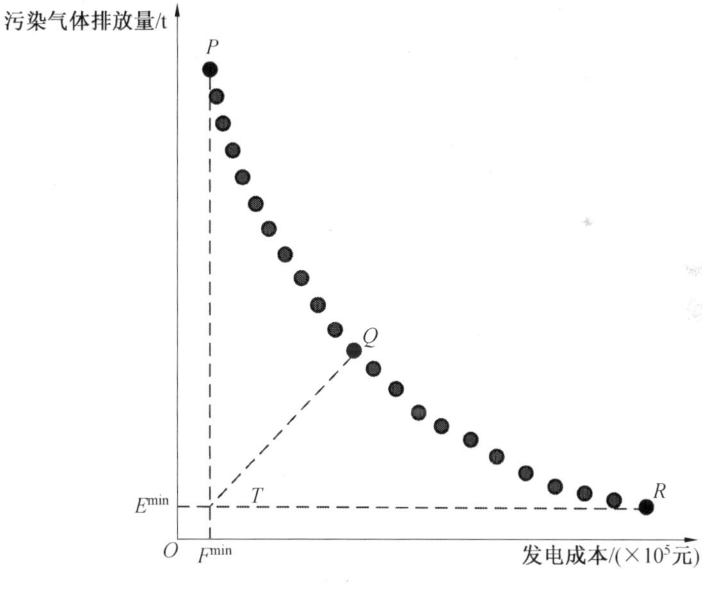

图 4.1　Pareto 前沿面

在以上研究内容的基础上，设计了考虑发电成本和碳排放量的多目标人工蜂群求解算法的伪代码，如下所示。

输入：六台机组的最大电功率 $X^{\max}$；最小电功率 $X^{\min}$；电功率的预测值 P^{Eload}；迭代次数 iter_n，$1\leqslant n\leqslant M$；适应值的最大不变次数 Limit，适应值的更新标志 trial

(i)。

输出:机组的发电成本和碳排放量。

---

1 初始化:计算初始时刻各个机组的出力情况

$$X_i(0)=X^{\min}+\text{rand}(1,6)(X^{\max}-X^{\min}),i\in n$$

2 对机组的实时出力进行约束

$$\text{if}\quad X_i(0)<X^{\min}\quad\text{then}\quad X_i(0)=X^{\min}$$

$$\text{if}\quad X_i(0)>X^{\max}\quad\text{then}\quad X_i(0)=X^{\max}$$

3 将各个机组的出力代入目标函数中计算出发电成本以及碳排放量,即 Pareto 前沿面 $\text{fitness}_i^{(0)}$,并根据非支配排序的方法构造非支配集:

P'=find_nondominated_front(P);

$P'=\{1\}$; //将第一个个体放入 P' 中

for each $p\in P$ //每次取一个个体

 $\{P'=P'\cup\{p\}$; //将个体 p 放入 P' 中

  for each $q\in P'\cap q\neq p$ //比较 p 与 P' 中其他个体 q 之间的支配关系

   {if $p>q$ then $P'=P'\backslash\{q\}$ //若 p 支配 q,则删除 q

    else if $q>p$ then $P'=P'\backslash\{p\}\}\}$//若 q 支配 p,则删除 p

4 开始进行迭代处理

5 当迭代次数小于最大迭代次数

6 for $i=1,2,\cdots,n$ do

7 随机生成可行解 $X_i^{(n)}$;并对其进行约束,使其满足在可行域区间

8 if $X_i^{(n)}>X^{\max}\ ||\ X_i^{(n)}<X^{\min}$

   $X_i^{(n)}=X^{\max}\ ||\ X_i^{(n)}=X^{\min}$

9 end

10 计算更新后机组的发电成本和碳排量,即新的 Pareto 前沿面 new_fitness_i;

11   if $\text{new\_fitness}_i<\text{fitness}_i$ then

将发电成本更低,碳排放量更小的更优的 new_fitness_i 保存在全局最优值 zbest 中,同时适应值标志向量 trial(i)=0

12   else

13 最优值 fitness_i 保持不变

$$\text{trial(i)}=\text{trial(i)}+1$$

14   end

15　　if　适应值标志向量 trial(i)>适应值最大不变次数 Limit
16　　　　返回步骤 7
17　　end
18　根据交叉概率选择是否更新最优解
19　　if　rand<cr

$$new\_X_i = X_i$$

20　　else

$$new\_X_i = X^{Global} + \beta(X^{Global} - X_i)$$

21　　end
22　end
23　当达到设定的最大迭代次数,停止迭代得到最优解下所对应的各个机组的出力 P_i^E

4.4　算例仿真

为了检验构建模型的可行性,本算例的原始数据来自文献[30],机组参数见表 4.1。算例的电源结构包括六台火电机组,调度时长为 1 h,系统中所有电功率之和为 283.4 MW。

表 4.1　机组参数

机组	a	b	c	P^{max}/MW	P^{min}/MW	α	β	γ	ξ	λ
1	10	2.0	0.010	150	5	4.091	-5.554×10^{-2}	6.490×10^{-4}	2.00×10^{-4}	2.857×10^{-2}
2	10	1.5	0.012	150	5	2.543	-6.047×10^{-2}	5.638×10^{-4}	5.00×10^{-4}	3.333×10^{-2}
3	20	1.8	0.004	150	5	4.258	-5.094×10^{-2}	4.586×10^{-4}	1.00×10^{-6}	8.000×10^{-2}
4	10	1.0	0.006	150	5	5.326	-3.550×10^{-2}	3.380×10^{-4}	2.00×10^{-3}	2.000×10^{-2}
5	20	1.8	0.004	150	5	4.258	-5.094×10^{-2}	4.586×10^{-4}	1.00×10^{-6}	8.000×10^{-2}
6	10	1.5	0.010	150	5	6.131	-5.555×10^{-2}	5.151×10^{-4}	1.00×10^{-5}	6.667×10^{-2}

4.4.1　仿真结果分析

图 4.2、图 4.3 分别是采用人工蜂群算法和粒子群算法求解的仿真结果图,从图中可以看出,ABC 算法与 PSO 算法相比,其仿真结果曲线更加平缓,最小的发电成本和最小污染气体排放量明显要优于 PSO 算法。仿真结果对比见表 4.2。

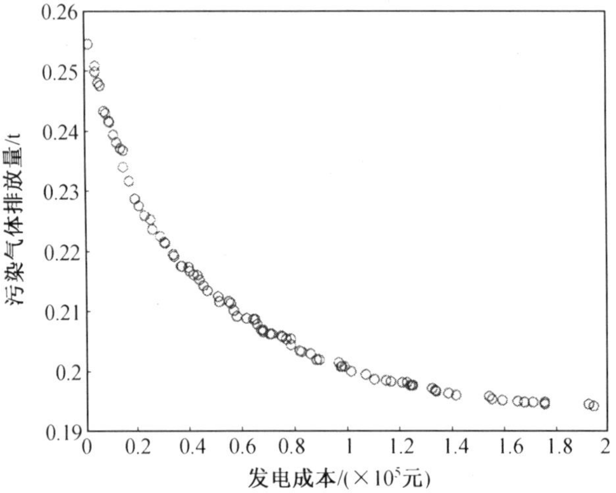

图 4.2 人工蜂群仿真结果

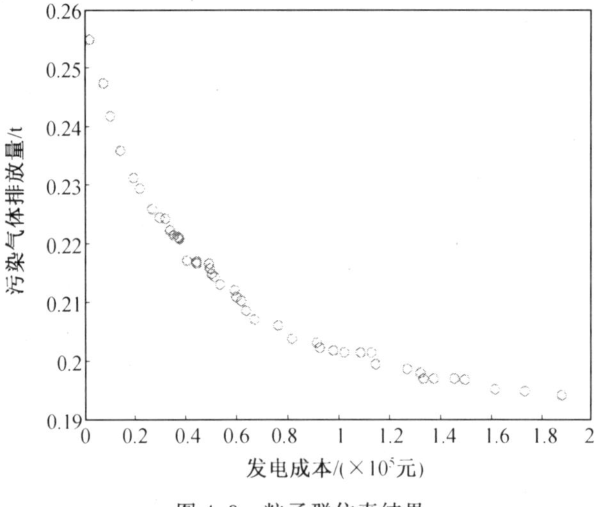

图 4.3 粒子群仿真结果

表 4.2 仿真结果对比

算法	运行时间/min	最小碳排放量/(t·h^{-1})	最小发电成本/(×10^5 元)
人工蜂群算法	15.26	0.192	0.006 1
粒子群算法	20.45	0.194	0.006 5

为了进一步研究人工蜂群算法的参数对多目标优化仿真结果的影响，首先在种群规模上，采取的群体个数分别为 50、100、500、1 000，其仿真结果分别如图 4.4(a)～(d)所示。仿真结果表明：种群数量越大，Pareto 曲线越连续，走势越平缓，得到的解更接近于最优解，避免陷入局部最优的问题，但同时种群数量越大，计算量也就越大，导致其运行时间也随着增加。综上所述，在进行种群数量参数的选取上，应当结合业务本身的要求，若对收敛时间要求比较高，在选取群体规模时，可以适当地减少群体数量。

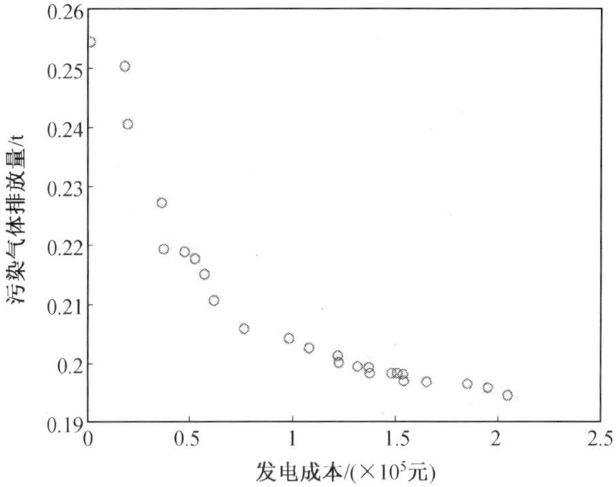

(a) 50

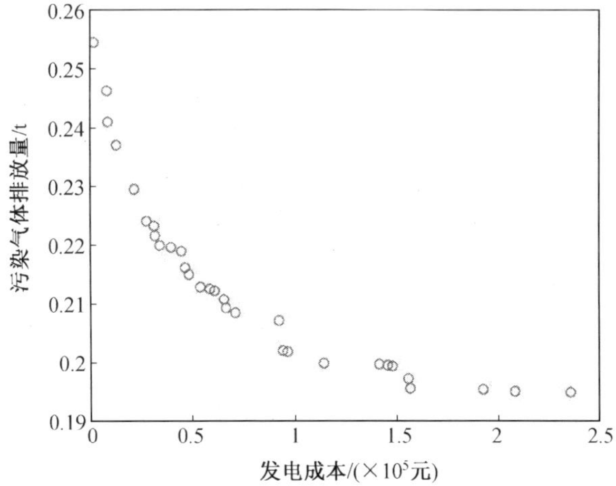

(b) 100

图 4.4　不同种群规模的 Pareto 曲线

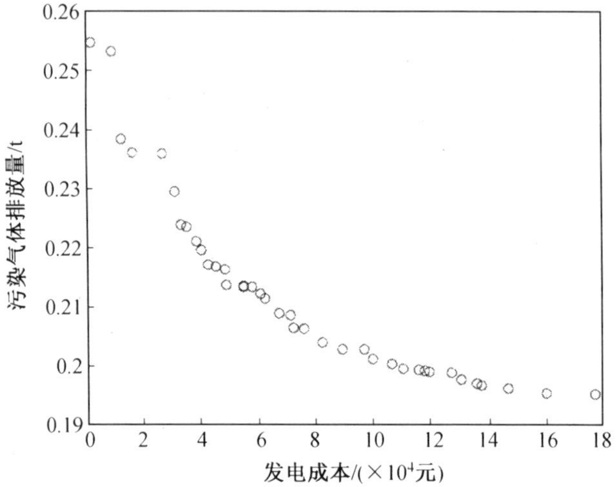

(c) 500

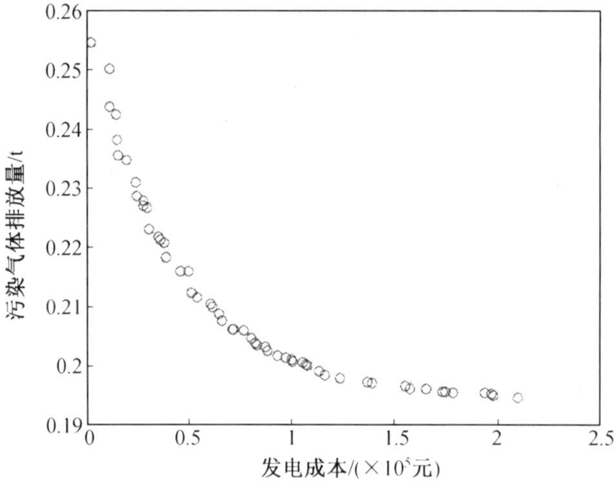

(d) 1 000

续图 4.4

其次，选取合理的迭代次数也会影响算法的收敛速度以及收敛时间。分别取迭代次数为 1 000、5 000、10 000、100 000，其仿真结果分别如图 4.5(a)～(d)所示。从仿真结果的四个图中可以看出，随着迭代次数的不断增加，Pareto 曲线越连续，曲线上点的数量越多，走势越平缓，仿真结果越清晰。但随着迭代次数的增加，程序的运行时间以几何的倍数进行增长。在迭代次数为 1 000 次时，程序的运行时间为 8.05 s；而在迭代次数为 100 000 次时，程序的时间为

1 117.66 s，相差了近 140 倍。因此，在迭代次数的选取上，对于性能指标要求不同时，应该综合考虑运行时间与优化结果之间的关系。

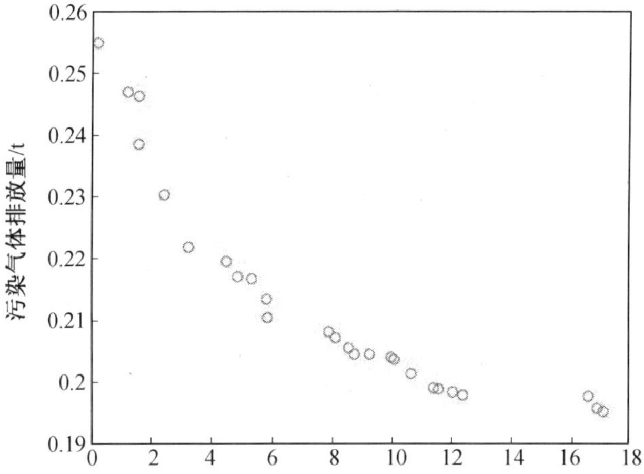

(a) 1 000

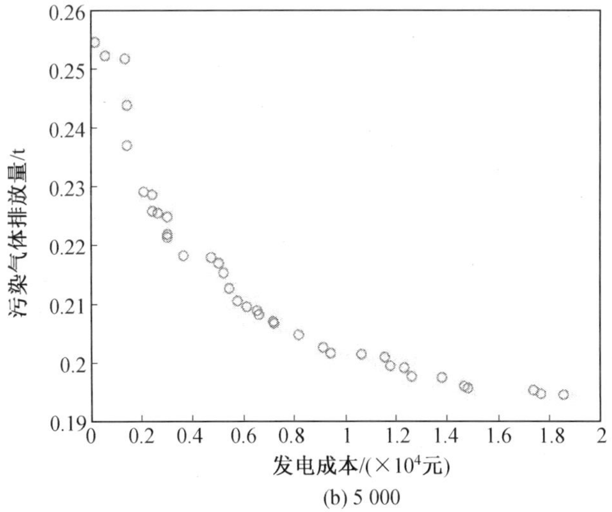

(b) 5 000

图 4.5 不同迭代次数的 Pareto 曲线

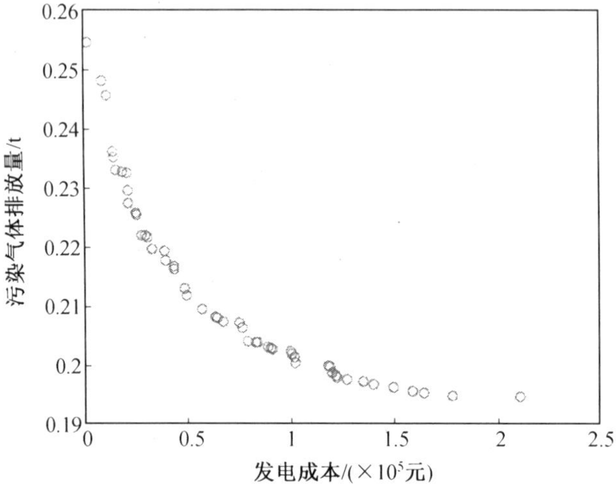

(c) 10 000

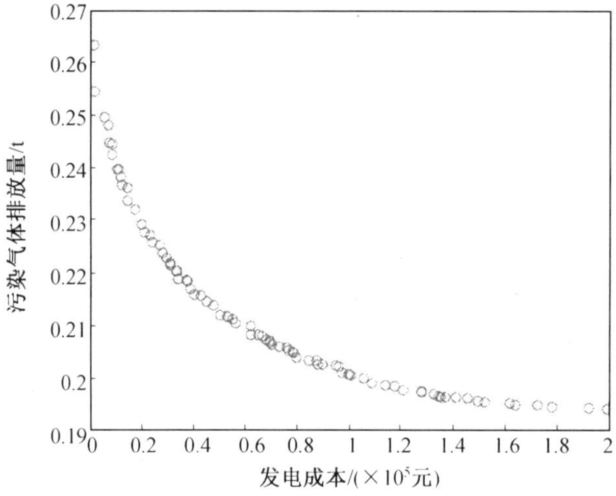

(d) 100 000

续图 4.5

此外，ABC 和 PSO 为智能群体算法，此类算法的求解结果往往具有一定的随机性和偶然性。因此，为了说明算法的有效性，本章根据上述的距离评价指标，找到折中最优解，将 20 次的仿真结果保存在 excel 表格中并绘制出箱线图，避免一定的偶然性，从而使算法求解的仿真结果更具有说服力。

图 4.6 表示采用 ABC 算法和 PSO 算法所求解的发电成本，从图中可以看出，利用人工蜂群算法求解的发电成本的平均值大约为 5.7×10^4，而在粒子群

算法求解的发电成本的平均值大约为 6.3×10^4，人工蜂群算法求得的发电成本要低于粒子群算法求得的发电成本。此外，在 ABC 算法求解的结果中，其发电成本的变化范围为 $4.9\times10^4\sim7.3\times10^4$，变化区间明显要优于 PSO 算法的求解结果。

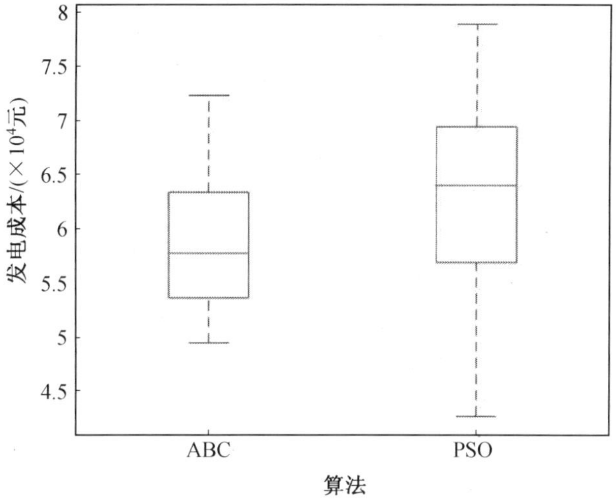

图 4.6　ABC 算法和 PSO 算法所求解的发电成本

图 4.7 表示采用 ABC 算法和 PSO 算法所求解的污染气体排放量，从图中

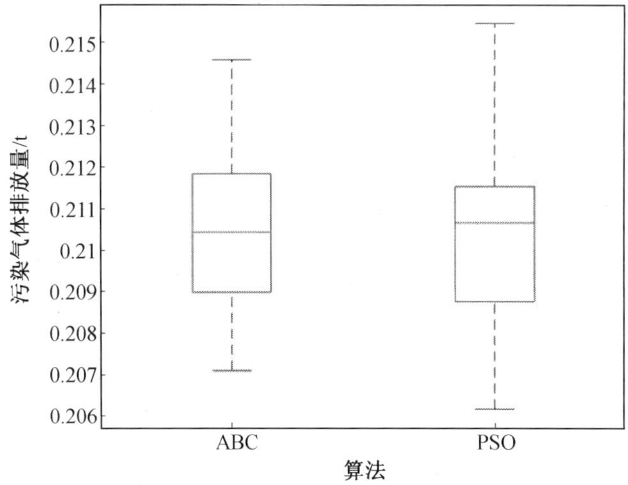

图 4.7　ABC 算法和 PSO 算法所求解的污染气体排放量

可以看出，利用人工蜂群算法求解的污染气体排放量的平均值大约在0.210 05，而在粒子群算法求解的污染气体排放量的平均值大约在0.210 07，虽然差别不是很大，但是人工蜂群算法求得的污染气体排放量还是要低于粒子群算法求得的结果。此外，在ABC算法求解的结果中，其污染气体排放量的变化范围为0.207～0.214 5，变化区间要优于PSO算法的求解结果。

综上，从对图4.6和图4.7仿真结果的分析中可以得出如下结论：无论是在发电成本还是在污染气体排放量上，改进的人工蜂群算法的求解结果都要优于粒子群算法。同时，ABC算法求解的仿真结果变化范围更小，更有利于机组的运行。

4.4.2 多目标评价模型

为了进一步比较ABC算法和PSO算法在多目标中应用的优劣性，本节采用多目标最为常用的评价指标：Hypervolume（HV）。HV性能指标是由Zitzler等人提出的，其物理含义表示为Pareto前沿面上的点与参考点所围成的超立方体的体积。多目标函数维度为二维，故HV表示Pareto前沿面上的点与参考点所围成的面积。

HV的计算步骤如下：

(1)因为横纵坐标（发电成本和污染气体排放量）的数量级相差很大，不能直接计算其所围成的面积，故需对横纵坐标进行归一化处理，使横纵坐标的范围在[0,1]之间。归一化公式为

$$X^{\mathrm{GYH}}=\frac{X-X^{\min}}{X^{\max}-X^{\min}} \tag{4.12}$$

式中，X^{GYH}为归一化后的数值；$X^{\min}$为发电成本/污染气体排放量的最小值；$X^{\max}$为发电成本/污染气体排放量的最大值。

(2)选取参考节点，选取最大值节点(1,1)为参考点。

(3)计算每个可行解与参考节点围成的面积，如图4.8所示，其中$HV=S_1+S_2+S_3+S_4+S_5$，HV的值越大，说明算法的收敛性越好。

此外，在计算HV性能指标时，发电成本和污染气体排放量的数量级不匹配，需要对横纵坐标进行归一化处理，如式(4.12)所示。归一化后的仿真结果如图4.9所示。

基于上述研究，分别计算出利用人工蜂群算法和粒子群算法求解的HV数

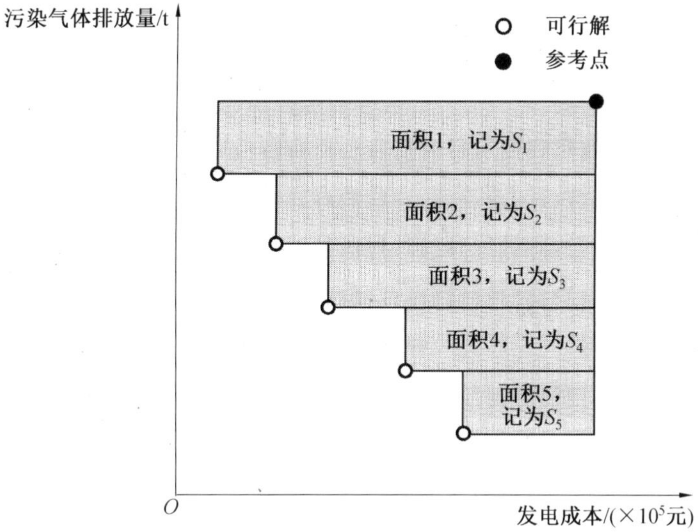

图 4.8　HV 指标

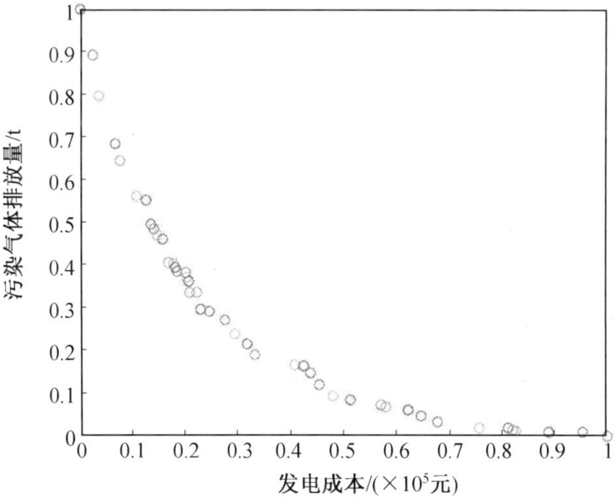

图 4.9　归一化的 Pareto 曲线

值,但一次的计算结果往往具有很大程度的偶然性,故在 HV 数值的比较上,取 10 次运行结果的平均值,见表 4.3。

表 4.3 算法在目标函数的 HV 数值

运行次数	人工蜂群算法 HV	粒子群算法 HV
1	0.812 718	0.775 310
2	0.814 112	0.775 167
3	0.799 634	0.773 740
4	0.799 329	0.770 592
5	0.805 933	0.786 022
6	0.809 500	0.802 898
7	0.811 850	0.768 855
8	0.791 687	0.808 938
9	0.804 056	0.801 705
10	0.814 784	0.770 036
平均值	0.806 361	0.783 326

从表 4.3 中可以看出,人工蜂群算法求解出来的 HV 平均值为 0.806 361,而粒子群算法求解出来的 HV 平均值为 0.783 326。而 HV 数值越大,表示围成的面积越大,算法的收敛性越好。

4.5 本章小结

本章构建了考虑发电成本和碳排放的多目标优化调度模型。通过采取非支配排序的方法来构建 Pareto 前沿面,并设计了非支配排序的算法,以距离评价指标来选择折中最优解,求解的算法同样采取改进的人工蜂群算法和粒子群算法,分析了不同迭代次数和种群规模对算法性能指标的影响。同时,采用 HV 评价指标来评价算法的收敛性。仿真结果表明:与粒子群算法相比,改进的人工蜂群算法在求解多目标规划问题上也具有更优的性能指标。

第5章 基于随机森林的中期负荷预测方法研究

5.1 中期负荷预测问题描述

在进行中期负荷预测时，需要基于中期负荷历史数据，考虑GDP、全社会固定资产投资(电力、热力、燃气、水的生产和供应业、交通运输、仓储和邮政业)、星级饭店住宿接待总人数、户籍总人口、自来水售出量、天然气销售量、规模以上工业钢材产量、规模以上工业原油产量、规模以上工业增加值、限额以上批发零售贸易企业销售额、进出口总值等与中期负荷相关联的因素，对中期负荷进行预测。但并非考虑越多的因素中期负荷预测的效果越好，所以需要辨识出中期负荷的强关联因素。同时考虑到中期预测是对数据集的运算，并且数据集包含的变量众多，不可避免地会出现异常值和噪声，因此需要选用一个合适的算法进行中期负荷预测。中期负荷预测问题描述如图5.1所示。

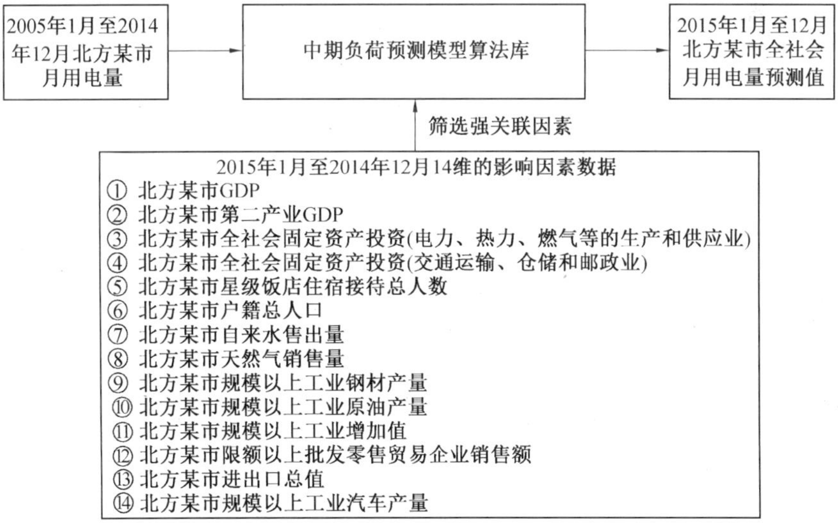

图5.1 中期负荷预测问题描述

5.2 考虑互信息的随机森林中期负荷预测方法的策略结构

基于最大互信息系数的随机森林中期负荷预测方法的主要内容包括：运用最大互信息系数对月用电量与潜在关联因素数据进行关联分析，筛选出强关联因素；基于月用电量数据及其强关联因素数据，构建训练样本集，经过对决策树棵树的参数寻优，采用随机森林算法预测全社会月用电量。方法的具体实现策略如图 5.2 所示。

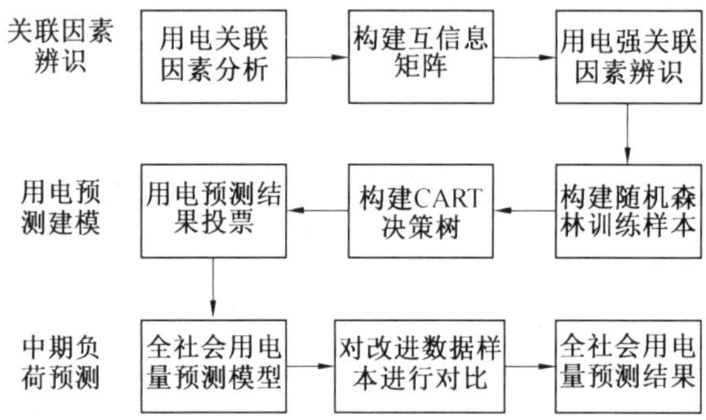

图 5.2 中期负荷预测方法的策略图

5.3 关联因素辨识

月用电量与许多因素存在着强弱不同的关联关系。利用最大互信息系数分析月用电量的相关影响因素并进行排序，筛选出对月用电量影响较大、关联性较强的因素，剔除对月用电量关联度低的因素，减少月用电量预测的输入，降低建模的复杂程度，并提高预测精度。

最大信息系数以信息论和互信息论为基础，通过网格划分数据区间，对变量之间的线性和非线性关系可以较好地衡量，并且也可以作为两个变量之间相关性的衡量标准。

X、Y 为数据集 D 中的全社会月用电量和关联因素，其中 $X=\{x_i, i=1, 2, \cdots\}$，$Y=\{y_j, j=1,2,\cdots\}$，定义 X 和 Y 之间的互信息为

$$\mathrm{MI}(X;Y)=\sum_{y\in Y}\sum_{x\in X}P(x,y)\log\frac{P(x,y)}{P(x)P(y)} \tag{5.1}$$

式中，$P(x,y)$ 表示 X 与 Y 的联合概率密度；$P(x)$ 表示 X 的边缘概率密度；$P(y)$ 表示 Y 的边缘概率密度。

将数据集 D 中的全社会月用电量 X 和关联因素 Y 的所有取值分别划分到 a、b 两个格子中，称这样的划分为 $a\times b$ 的网格划分，记为 $R=(a,b)$。相同 $a\times b$ 的网格划分方式有很多种，数据集 D 在不同划分方式下得到多种不一样的分布情况，取不同区分方式中 $\mathrm{MI}(X;Y)$ 的最大值作为划分 R 的互信息值，则最大互信息可定义为

$$\mathrm{MI}_{D|R}^{\max}(X;Y)=\max_{R=(a,b)}\mathrm{MI}_{D|R}(X;Y) \tag{5.2}$$

式中，$D\mid R$ 为数据集 D 在网格 R 下的划分。

$$\mathrm{MI}_{D|R}(X;Y)=\frac{\mathrm{MI}_{D|R}(X;Y)}{\log\min(a,b)} \tag{5.3}$$

将 X 与 Y 的最大信息系数定义为

$$\mathrm{MIC}(D)=\max_{ab<B(n)}\{\mathrm{MI}_{D|R}(X;Y)\} \tag{5.4}$$

式中，$ab<B(n)$ 为网格划分的上界，$n=\max(i,j)$，$B(n)=n^{0.6}$。

最大互信息系数分析相关性的标准见表 5.1。

表 5.1　相关系数与相关程度关系

最大互信息系数区间	相关性
$0.00\leqslant\lvert r\rvert<0.10$	不相关
$0.10\leqslant\lvert r\rvert<0.19$	极弱相关
$0.20\leqslant\lvert r\rvert<0.39$	弱相关
$0.40\leqslant\lvert r\rvert<0.69$	中度相关
$0.70\leqslant\lvert r\rvert<0.89$	强相关
$0.90\leqslant\lvert r\rvert<1.00$	极强相关

以全社会月用电量 X_i 和关联因素 Y_i 构成样本集 D。

最大互信息系数的详细步骤在算法 1 中给出。

算法 1 最大互信息系数的计算方法

输入:样本集 $D(X_i, Y_j)$

输出:最大互信息系数矩阵

1 初始化:样本数 n;$c=15$;alpha $=0.6$

2 for all $(X_i, Y_j) \in D$ do

3 将全社会月用电量 X_i 进行 a 等分,关联因素 Y_j 进行 b 等分

4 if $a > c \times i$,令 $a' = c \times i$ then 用 $a' \times b$ 的网格划分数据空间,记 $R = a' \times b$

5 else

6 用 $a \times b$ 的网格划分数据空间

7 if $R < n^{0.6}$;Break (返回步骤 12)

8 else

9 返回步骤 3

10 end

11 end

12 计算不同网格划分方式下落在第(x,y)格子中的数据的互信息值

$$\mathrm{MI}(X;Y) = \sum_{y \in Y} \sum_{x \in X} P(x,y) \log \frac{P(x,y)}{P(x)P(y)}$$

13 选取落在第(x,y)格子中的数据的互信息值最大的网格划分方式

14 计算在网格 R 划分下,数据集 D 的互信息系数

$$\mathrm{MI}_{D|R} = \frac{\mathrm{MI}_{D|R}(X;Y)}{\log \min(a,b)}$$

15 计算最大互信息系数,得到最大互信息系数矩阵

$$\mathrm{MIC}(D) = \max_{ab < B(n)} \{\mathrm{MI}_{D|R}(X;Y)\}$$

16 end

5.4 基于随机森林的用电预测建模

5.4.1 训练样本子集的随机选取

训练样本子集的随机选取是通过 Bootstrap 法重采样实现的。Bootstrap 法重采样是从原始数据集中有放回地抽取样本，而不是将原始数据重复分为多个单独的数据集。每个样本都是基于有放回的抽取方式形成的，其与原始数据集具有同样大小。原始数据集中的某个观测值可能在样本中重复多次出现，也有可能完全不出现。

以原始训练样本集 S_h 为输入，S_h 由全社会用电量与其潜在关联因素包括 GDP、全社会固定资产投资、星级饭店及住宿接待人数、人口、自来水售出量、天然气售出量、钢材产量、工业增加值、进出口总值、汽车产量等构成，对 S_h 进行重采样，其工作过程如图 5.3 所示。

通过对原始训练数据 S_h 采用 Bootstrap 抽样方法得到 w 个训练样本子集（$S_{h1}, S_{h2}, \cdots, S_{hw}$），各训练样本子集都包含 X 和 Y 这两类数据，w 个训练样本子集构建 w 棵分类回归树（Classification and Regression Tree，CART）。用测试集对 CART 决策树的误差进行估计，把每棵决策树的误差加和然后取平均值就得到了随机森林的泛化误差，并以此评价随机森林的预测精度。

5.4.2 决策树概述

在数据挖掘算法中，决策树算法是最常见的一种，它采用递归的方式自上而下完成对模型的建立，通过树状的结构把由杂乱无章的数据推导出的生长规则呈现出来。随机森林由许多棵决策树构成，同时决策树也是随机森林算法的核心部分，将许多决策树集成到一起便是随机森林算法。

如图 5.4 所示，决策树是一个按照某种规则从根节点分裂到叶子节点的树状模型，其中除了根节点与叶子节点以外还包含中间节点。每个节点的含义都各不相同，根节点是树的起始端，其中包含了训练样本的全部属性，是训练样本开始分裂的源头；根节点进一步分裂成两个子节点，如果子节点还可以继续分裂，那么称这个子节点为中间节点，中间节点中包含了训练样本中的一部分属性，是进一步继续分裂的位置；如果子节点不可以继续分裂，那么称这个子节点

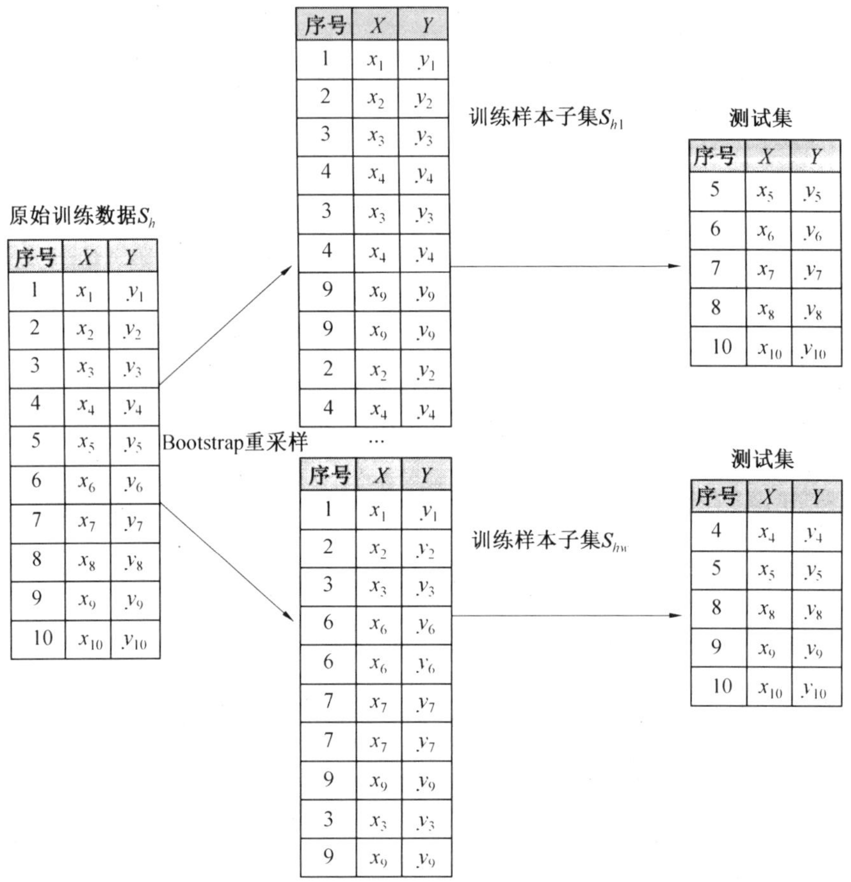

图 5.3　训练样本子集的随机选取

为叶子节点，叶子节点表示的是决策树的输出结果，若构建的决策树为分类树，那么叶子节点就表示类别；若构建的是回归树，那么叶子节点表示的就是数值，从根节点分裂到某一个叶子节点的过程就是决策树的一条生长规则。

当中间节点进行进一步分裂时，不同属性所对应的分裂结果也存在优劣之分，由最优分裂结果所对应的属性进行分裂，这个分裂过程也称为节点分裂。而选择最优分裂属性时所用到的不同的比较方法就形成了不同的决策树算法。

5.4.3　三类常见决策树

决策树算法有很多种，常见的有 ID3 决策树、C4.5 决策树和 CART 决策树。

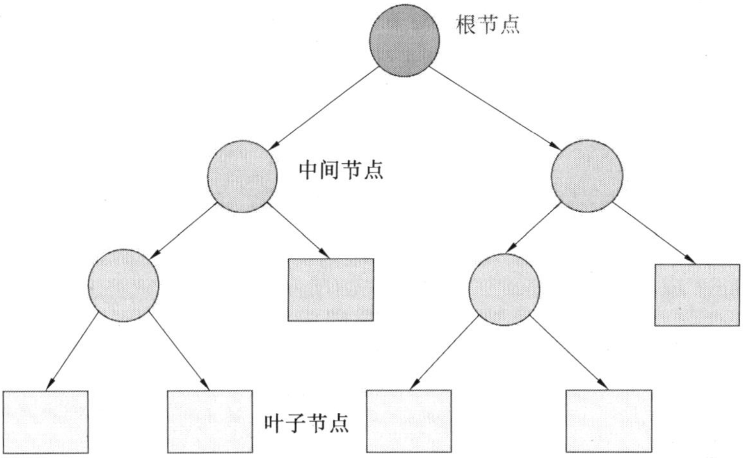

图 5.4 决策树的节点

(1)ID3 决策树。

ID3(Interactive Dichotomizer-3,迭代二叉树第三版)算法是由 John Ross Quinlan 于 1979 年提出的,其用于选择节点的某一属性进行分裂时所采用的方法为最大信息增益,从而可以获得有关于每个节点的最大类别信息。属性能否被选择取决于信息增益的大小,信息增益越大,被选择的概率越高。虽然 ID3 决策树是很早之前提出的,但是之后的决策树算法都是在 ID3 算法的基础上进行不断改进的。

对于一个训练集 S,其中包含的数据种类为 m 种,每个种类又包含 n 个数据,定义 $C_i(i=1,2,\cdots,m)$ 表示 m 种种类,其中第 i 种类有 n_i 个数据,则训练集 S 的信息熵为

$$\mathrm{Ent}(S)=-\sum_{i=1}^{m}p_i\log_2(p_i) \tag{5.5}$$

式中,p_i 为训练集 S 中的数据属于第 i 种类概率,可用$\frac{n_i}{n}$ 估计。

假设训练集 S 的划分属性为 A,属性 A 包含 p 种取值($A_1,A_2,\cdots,A_p$),故训练集 S 可被属性 A 划分成 p 个子集($S_1,S_2,\cdots,S_p$),其中 S_j 为以属性 A 中的 A_j 取值对训练集 S 进行划分所得到的子集,所以用属性 A 对训练集 S 进行划分时的条件熵为

$$\mathrm{Ent}(S,A)=\sum_{j=1}^{p}\frac{|S_j|}{n}\mathrm{Ent}(S_j) \tag{5.6}$$

式中，$|S_j|$ 为子集 S_j 中所包含的样本个数；$\mathrm{Ent}(S_j)$ 为以属性 A 中的 A_j 取值对训练集 S 进行划分所得到的子集 S_j 的信息熵。

训练集 S 的信息熵为 $\mathrm{Ent}(S)$，用属性 A 对训练集 S 进行划分所得到的条件熵为 $\mathrm{Ent}(S,A)$，因此信息增益可定义为

$$\mathrm{Gain}(S,A)=\mathrm{Ent}(S)-\mathrm{Ent}(S,A) \tag{5.7}$$

式中，$\mathrm{Gain}(S,A)$ 为了解训练集 S 所需要的信息量与属性 A 所带来的信息量的差值。$\mathrm{Gain}(S,A)$ 越大，表示属性 A 带来的信息越多，需要额外获得去了解训练集 S 的信息量越少，说明属性 A 带来的信息增益大，用属性 A 对训练集 S 进行划分的效果好，划分后的纯度也更高。因此，通过属性的信息增益大小来选取最优的划分属性对集合进行划分是最合理的，这也称为最小熵原理。

ID3 算法的原理通俗易懂，构建决策树也更加方便。信息熵的引入使得模型对样本中的异常点不敏感，同时对包含大量数据的训练样本计算速度也更快。但 ID3 算法也有明显的不足之处，它选用信息增益值大的属性进行分裂，属性中包含的取值越多，则该属性的信息增益值越大，而信息增益值越大的不一定是最佳分裂属性，此外该算法只能处理分类问题，对于包含连续值的属性无法对其进行处理，也因此使其无法用于回归计算。

(2)C4.5 决策树。

针对 ID3 算法的不足，John Ross Quinlan 又于 1993 年在 ID3 算法的基础上提出了 C4.5 算法。不同于 ID3 算法选用信息增益为标准进行属性的选择，C4.5 算法选用的是信息增益率。

以属性 A 对训练集 S 进行划分的信息增益率可定义为

$$\mathrm{GainRatio}(S,A)=\frac{\mathrm{Gain}(S,A)}{\mathrm{SplitInformation}(S,A)} \tag{5.8}$$

式中，$\mathrm{SplitInformation}(S,A)$ 为分裂信息值，其计算公式如下所示：

$$\mathrm{SplitInformation}(S,A)=-\sum_{j=1}^{p}\frac{|S_j|}{n}\log_2\left(\frac{|S_j|}{n}\right) \tag{5.9}$$

C4.5 决策树以信息增益率为标准，选取增益率最大的属性进行分裂，C4.5 决策树不仅具有 ID3 决策树的优点，而且对其缺点也进行了弥补，可以对包含较多属性值的属性进行处理，也可以对连续数据以及含有缺失值的数据进行处理，增强了对各种数据进行处理的能力。但是，C4.5 决策树只要构建出来就很难对树的结构进行修改及调整，也因此对决策树的优化带来很多不便。同时，C4.5

决策树进行分裂时无法考虑各属性之间的相关性，如果两个属性的相关性强，会导致选择不准确。

(3)CART决策树。

CART(Classification And Regression Trees)算法被L. Breiman等人在1984年提出，该算法利用二分递归分割方法把原样本集划分为两个子集，从而会有两个分支在每个非叶子节点上面。CART算法构造的是二叉决策树。以基尼系数为标准进行构建决策树时的特征选择。基尼系数的原理如下：

若样本数据分为K类，数据属于第k类的概率为p_k，则样本数据的基尼系数定义为

$$\text{Gini}(p)=\sum_{k=1}^{K}p_k(1-p_k) \tag{5.10}$$

对于训练样本集D，个数为$|D|$，假设K个类别，第k个类别的数量为$|C_k|$，其基尼系数为

$$\text{Gini}(D)=\sum_{k=1}^{K}\frac{|C_k|}{|D|}\left(1-\frac{|C_k|}{|D|}\right) \tag{5.11}$$

对于训练样本集D，个数为$|D|$，根据特征A_m的取值可以分为两部分D_1和D_2，D_1和D_2的个数分别为$|D_1|$和$|D_2|$，那么在特征A_m的条件下，D的基尼系数为

$$\text{Gini}(D,A_m)=\frac{|D_1|}{|D|}\text{Gini}(D_1)+\frac{|D_2|}{|D|}\text{Gini}(D_2) \tag{5.12}$$

基尼系数Gini(D)表征着训练样本集D的不确定性，而在特征A_m的条件下，D的基尼系数则表征着在特征A_m确定的条件下D的不确定性，因此基尼系数可以表征特征A_m对数据集D的分类的能力。

CART算法具有和C4.5算法一样的对缺失值和异常值数据的处理能力，除此之外CART算法生成的是二叉树，模型简单易懂，产生数据碎片少，精度较高。如果目标为离散型变量，可形成分类树；目标为连续型变量，可形成回归树。因此，CART决策树具有更广泛的应用。中期负荷曲线是一种典型的非平稳、非线性时间序列，所以用于中期负荷预测的随机森林中的元决策树分类器均是用的CART决策树。

5.4.4 CART决策树的构建

以训练样本子集S_{hj}(S_{hj}由特征集Y(Y由全社会用电量的潜在关联因素包

括 GDP、全社会固定资产投资、星级饭店及住宿接待人数、人口、自来水售出量、天然气售出量、钢材产量、工业增加值、进出口总值、汽车产量等构成）和全社会月用电量数据集 X 构成)、节点样本数阈值 δ 和基尼系数阈值 ε 为输入。CART 决策树为输出，具体流程如图 5.5 所示。

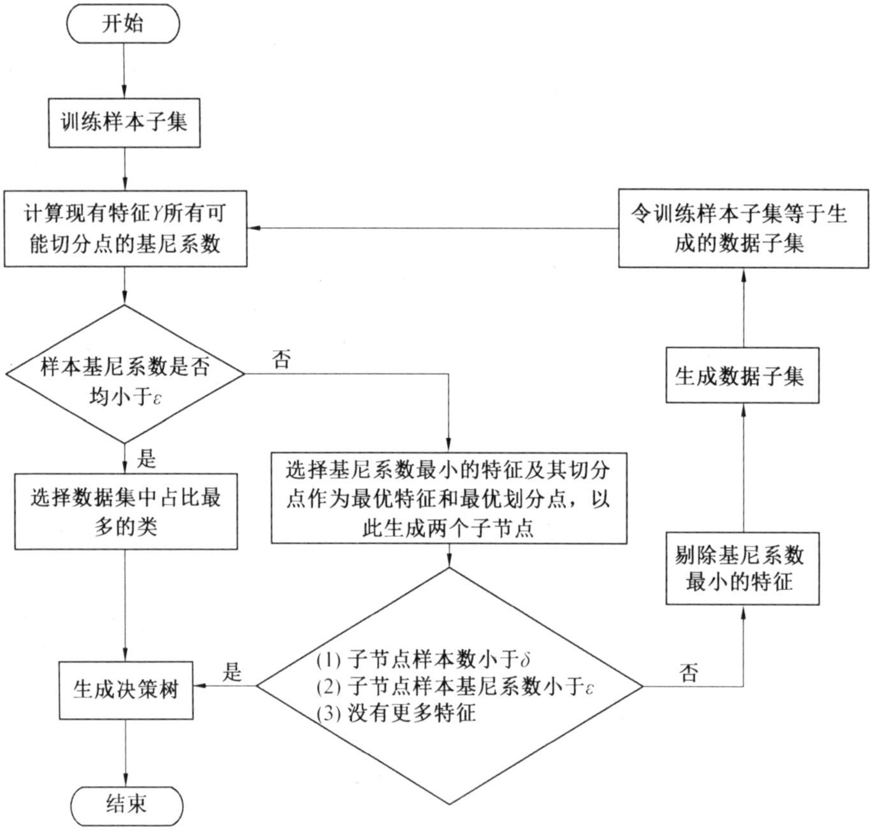

图 5.5　决策树构建流程图

首先，计算训练样本子集 S_{hj} 中特征集 Y 的所有可能切分点的基尼系数，然后判断样本基尼系数是否都小于给定阈值 ε，如果都小于 ε，则生成一棵单节点树，其类别为 S_{hj} 中样本数最多的类；否则，选择基尼系数最小的特征和相应切分点 α 作为根节点的特征值和切分标准，将 S_{hj} 分为两个子集 S_{hj1} 和 S_{hj2}，将 S_{hj1} 和 S_{hj2} 分别分配到两个子节点中，然后判断子节点样本数是否都小于给定阈值 δ；子节点样本的基尼系数是否都小于 ε；并且没有更多特征，如果是，则该子节点是一个叶节点，若两个子节点均为叶节点则生成决策树；否则，生成决策树，并对非叶子节点，令 S_{hj} 等于该子节点所对应的数据集，剔除基尼系数最小的特征，重新计算 S_{hj} 所有可能切分点的基尼系数。

以基尼系数最小作为原则，针对 w 个训练样本子集，生成 w 棵决策树。但为了避免过拟合的发生，构建决策树时需要保证一定的随机性，在每一棵决策树构建时，随机选取一半的强关联因素参与决策树节点分裂过程。此外，整个随机森林中决策树的棵数 w 需根据预测结果进行调整。

生成 CART 决策树的详细步骤在算法 2 中给出。

算法 2 CART 算法生成决策树

输入：训练集 $S_{hj}=(X,Y_j)$；节点样本数阈值 δ；基尼系数阈值 ε

输出：一棵 CART 决策树

初始化：$i=1,\cdots,l;k=1$

if S_{hj} 中样本全属于同一类别 C then 生成一颗单节点决策树

end

for all $(X,Y_i)\in S_{hj}$ do

计算当前样本所有可能切分点的基尼系数

$$\text{Gini } p=\sum_{k=1}^{g}p_k(1-p_k)$$

if $\text{Gini}(p)<\varepsilon$ then 生成一棵单节点树，S_{hj} 中样本数最多的类为该树的输出类别

else

选择基尼系数最小的特征作为最优特征所对应的划分点作为最优划分点，以此生成两个子集 $S_{hj,1}$ 和 $S_{hj,2}$，并将其分配到两个子节点中

end

if $\text{Gini}(S_{hj,1})<\varepsilon$，$\text{Gini}(S_{hj,2})<\varepsilon$，$|S_{hj,1}|<\delta$，$|S_{hj,2}|<\delta$ 且没有更多特征 then 生成一棵两个子节点均为叶节点的树

else

对于非叶子节点，令 S_{hj} 等于该子节点所对应的数据集，剔除基尼系数最小的特征

```
13         Continue:(返回步骤 4)
14      end
15   end
```

5.4.5 随机森林算法理论基础

随机森林算法具有泛化能力强、预测精度高等优点，该算法中的数学理论基础概述如下：

定义 1 边缘函数(Margin Function)

随机森林的决策树采用 CART 决策树，$h(x,\theta_k)$，$k=1,2,\cdots,n$ 表示一系列 CART 决策树，其边缘函数可描述为

$$K(X,Y)=av_kI(h(X,\theta_k)=Y)-\max_{j\in Y}av_kI(h(X,\theta_k)=j) \quad (5.13)$$

式中，X 为输入向量，X 中含有 J 种不同类别的数据；j 为 J 种类别中的某一类；Y 为正确的分类向量；$I(g)$ 为指示函数；$av_k(g)$ 为取平均函数。

边缘函数表示将输入向量 X 通过一个集成分类器分配到正确的分类向量 Y 的平均分类票数的最大值与分配到其他错误的分类向量的平均分类票数的最大值的差。由式(5.13)可知，当 $K(X,Y)>0$ 时，表示对测试集的分类是正确的；当 $K(X,Y)<0$ 时，表示对测试集的分类是错误的。$K(X,Y)$ 的值越大，表示集成分类器对该测试集的分类效果越好，反之则越差。换言之，分类的置信度水平和边缘函数的数值呈正相关。

如果用 P 代替 av_kI，随机森林的边缘函数可以表征为

$$\mathrm{mr}(X,Y)=P(h(X,\theta_k)=Y)-\max_{j\neq Y}P(h(X,\theta_k)=j) \quad (5.14)$$

定义 2 泛化误差(Generalization Error)

随机森林的泛化误差可描述为

$$\mathrm{PE}=P_{X,Y}\quad(K(X,Y)<0) \quad (5.15)$$

式中，$P_{X,Y}$ 为对给定输入变量 X 的分类错误率函数。

由边缘函数可知，$K(X,Y)<0$ 表示测试集中的输入向量 X 经过集成分类器分类后的结果是错误的，那么泛化误差就表示输入向量 X 经过集成分类器分类后的错误率。换言之，经过训练集训练的随机森林模型在对测试集进行分类时，可以通过泛化误差评价分类结果的好坏。泛化误差的结果越小，说明分类效

果越好;泛化误差的结果越大,说明分类效果越差。

定义 3 强度(Strength)

随机森林由决策树组成,当随机森林用于分类时,每棵决策树的分类性能都对整个随机森林的分类性能有影响,把每棵决策树的分类性能综合到一起就是随机森林的强度。如果每棵决策树的分类性能都足够优异,那么整个随机森林的分类性能就会特别好。随机森林的强度可描述为

$$S = E_{X,Y} \quad (K(X,Y)) \tag{5.16}$$

式中,$E_{X,Y}$ 为期望值函数。

定义 4 平均相关度(Correlation)

假设 $\hat{j}(X,Y) = \arg\max_{j \neq Y} P_{\Theta}(h(X,\Theta) = j)$,那么边缘函数 $\mathrm{mr}(X,Y)$ 可以转换为

$$\mathrm{mr}(X,Y) = E_{\Theta}[I(h(X,\Theta) = Y) - I(h(X,\Theta) = \hat{j}(X,Y))] \tag{5.17}$$

继续推导可以得到下式:

$$\mathrm{mr}(X,Y)^2 = E\Theta,\Theta' \mathrm{rmg}(\Theta,X,Y)\mathrm{rmg}(\Theta',X,Y) \tag{5.18}$$

式中,rmg 为原始的边缘函数。

再一次替换得到下式:

$$\mathrm{var}(\mathrm{mr}) = E_{\Theta,\Theta'}(\rho(\Theta,\Theta')\mathrm{sd}(\Theta)\mathrm{sd}(\Theta')) \tag{5.19}$$

式中,$\rho(\Theta,\Theta')$ 为在 Θ 和 Θ' 都固定时 $\mathrm{rmg}(\Theta,X,Y)$ 和 $\mathrm{rmg}(\Theta',X,Y)$ 之间的相关度;$\mathrm{sd}(\Theta)$ 为在 Θ 固定时的 $\mathrm{rmg}(\Theta,X,Y)$ 的标准差,同理 $\mathrm{sd}(\Theta')$ 为在保持 Θ' 固定时的 $\mathrm{rmg}(\Theta',X,Y)$ 的标准差;var 为方差函数。

式(5.19) 约简可得

$$\mathrm{var}(\mathrm{mr}) = \bar{\rho}(E_{\Theta}\mathrm{sd}(\Theta))^2 \tag{5.20}$$

式中,$\bar{\rho}$ 为随机森林的平均相关系数,$\bar{\rho} = \dfrac{E_{\Theta,\Theta'}(\rho(\Theta,\Theta')\mathrm{sd}(\Theta)\mathrm{sd}(\Theta'))}{E_{\Theta,\Theta'}(\mathrm{sd}(\Theta)\mathrm{sd}(\Theta'))}$。

大量研究表明,随机森林中每棵决策树之间的平均相关系数可以体现出随机森林算法分类能力的好坏。每棵决策树之间的平均相关系数越大,随机森林算法的分类能力越差;相反,每棵决策树之间的平均相关系数越小,随机森林算法的分类能力越好。

定理 1 已知定义 1 边缘函数和定义 2 泛化误差,通过大数定律和决策树的结构,L. Breiman 证明出随机森林的泛化误差 PE 存在上界,当随机森林中的决

策树数量达到一定程度时，泛化误差就会收敛于下式：

$$\lim_{n\to\infty} PE = P_{X,Y}(P_{\Theta}(H(X,\Theta)=Y) - \max_{j\neq Y} P_{\Theta}(h(X,\Theta)=j) < 0) \quad (5.21)$$

式中，n 为随机森林中树的棵数；Θ 为分布概率随机向量；P_{Θ} 为对于给定 Θ 的分类错误率；$h(X,\Theta)$ 为分类器函数，相当于 $h(X,\theta_k)$。

由式(5.21)可知，随着随机森林中树的数量增加，泛化误差 PE 将趋于一个上界，所以可以表明随机森林防止过拟合的性能良好。

定理 2 随机森林的泛化误差上界(An Upper Bound for the Generalization Error)即泛化误差最大值可表征为

$$PE \leqslant \frac{\bar{\rho}(1-s^2)}{s^2} \quad (5.22)$$

式中，s 为决策树的平均强度。

随机森林泛化性能的好坏取决于泛化误差最大值的大小。式(5.22)表明，每棵决策树之间的相关系数以及每棵决策树的平均强度都与随机森林泛化误差的最大值有关，换言之，每棵决策树之间的相关系数越低且决策树的平均强度越高，则随机森林的泛化性能越好。因此，如果想提高随机森林的预测精度，可以通过提升每棵决策树的强度或者降低各决策树之间的相关系数来实现。

5.4.6 中期负荷预测结果投票

多棵 CART 决策树组合在一起构成了随机森林，由于每棵 CART 决策树都会产生一个预测结果，随机森林就是通过对所有 CART 决策树的预测结果进行投票，然后将票数最多的 CART 决策树预测结果作为最终的随机森林预测结果。

随机森林算法的预测结果采用投票方式产生：

$$F_h(X) = \arg\max_{Y} \sum_{i=1}^{w} I(f_{hi}(X)=Y) \quad (5.23)$$

式中，F_h 为月用电量预测模型；f_{hi} 为单棵决策树预测模型；$f()$ 为示性函数。

对于相同的数据集，当 w 棵 CART 决策树构建完成后，会得到 w 个预测的结果，此时需要投票选择票数最高的预测结果。利用待测样本数据进行仿真，将与用电量 Y 相关的关联因素数据 X 作为输入，得到各决策树模型的预测结果序列$\{f_{h1}(X), f_{h2}(X), \cdots, f_{hw}(X)\}$，然后进行投票得到最终的用电量预测结果，其流程如图 5.6 所示。

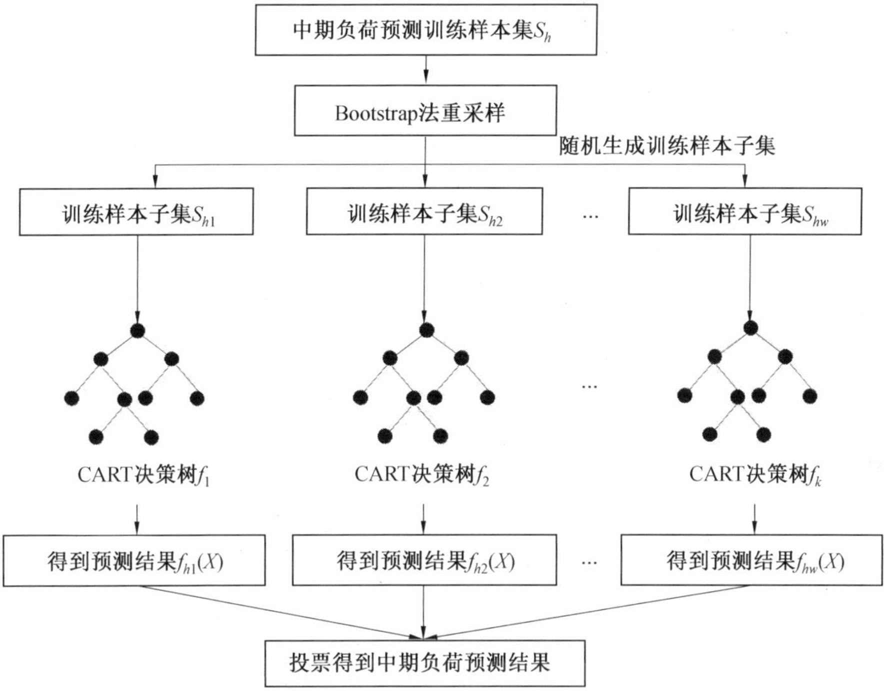

图 5.6 基于随机森林的月用电量预测建模

5.5 算例分析

5.5.1 数据源

本章例中的北方某市全社会月用电量，北方某市农、林、牧、渔业月用电量，北方某市工业月用电量，北方某市金融、房地产、商务及居民服务业月用电量，北方某市城乡居民生活月用电量以及上述月用电量的潜在关联因素均来自慧博数据库，时间跨度为 2005 年 1 月至 2015 年 12 月。上述行业涵盖工业、交通运输、仓储和邮政业、商业、住宿和餐饮业等七大类行业，包含 14 种潜在关联因素：北方某市 GDP、北方某市第二产业 GDP、北方某市全社会固定资产投资（电力、热力、燃气及水的生产和供应业）、北方某市全社会固定资产投资（交通运输、仓储和邮政业）、北方某市星级饭店住宿接待总人数、北方某市户籍总人口、北方某市自来水售出量、北方某市天然气销售量、北方某市规模以上工业钢材产量、北方某市规模以上工业原油产量、北方某市规模以上工业增加值、北方某市限额以上批发零售贸易企业销售额、北方某市进出口总值以及北方某市规模以上工业汽车产量，见表5.2。潜在关联因素中的GDP数据为季度数据，而需要用到的是月数据，所以对季度GDP数据采用了平均分配到每月的方式进行处理。

表5.2　中期负荷预测数据源

月份	北方某市全社会月用电量/(×10⁴ kW·h)	北方某市农、林、牧、渔业月用电量/(×10⁴ kW·h)	北方某市GDP累计值/(10⁻² 亿人民币)	北方某市自来水售出量/(×10⁴ t)	北方某市进出口总值/(×10⁴ 美元)	…	北方某市规模以上工业汽车产量/辆
2015/12	298 822.00	3 317.00	2 426.83	3 685.40	122 331.00	…	131 022.00
2015/11	283 009.00	3 647.00	2 426.83	4 091.60	109 438.00	…	109 751.00
2015/10	240 884.00	6 474.00	2 426.83	3 457.80	102 193.00	…	72 407.00
2015/9	235 462.00	10 108.00	1 734.00	3 233.00	101 537.00	…	71 603.00
2015/8	264 925.00	10 363.00	1 734.00	3 571.80	91 997.00	…	69 499.00
2015/7	266 009.00	8 788.00	1 734.00	3 635.80	102 433.00	…	69 820.00
2015/6	238 483.00	7 724.00	1 114.05	3 922.90	193 261.00	…	85 379.00
2015/5	236 996.00	4 466.00	1 114.05	3 757.90	146 381.00	…	84 932.00
2015/4	232 390.00	3 530.00	1 114.05	3 909.90	137 521.00	…	97 034.00
2015/3	258 137.00	3 211.00	243.26	4 217.60	122 465.00	…	103 242.00
2015/2	225 499.00	3 144.00	243.26	3 481.90	107 682.00	…	65 265.00
2015/1	291 777.00	2 978.00	243.26	3 377.10	138 321.00	…	58 432.00
2014/12	276 556.00	3 024.00	243.26	3 311.00	124 538.00	…	89 010.00
2014/11	259 811.00	3 316.00	243.26	3 788.60	138 533.00	…	95 281.00
⋮	⋮	⋮	⋮	⋮	⋮		⋮
2005/10	119 388.00	4 798.00	746.67	2 211.00	43 413.00	…	11 415.00
2005/9	119 616.00	6 499.00	528.69	2 323.00	34 411.00	…	13 692.00
2005/8	127 916.00	6 475.00	528.69	2 235.00	31 566.00	…	13 351.00
2005/7	127 476.00	5 909.00	528.69	2 235.00	43 230.00	…	10 905.00

续表5.2

月份	北方某市全社会月用电量/(×10⁴ kW·h)	北方某市农、林、牧、渔业月用电量/(×10⁴ kW·h)	北方某市GDP累计值/(10^{-2}亿人民币)	北方某市自来水售出量/($\times 10^4$ t)	北方某市进出口总值/($\times 10^4$美元)	…	北方某市规模以上工业汽车产量/辆
2005/6	117 027.00	5 734.00	287.85	2 318.00	37 744.00	…	8 703.00
2005/5	114 564.00	2 735.00	287.85	2 222.00	31 096.00	…	8 700.00
2005/4	113 676.00	2 171.00	287.85	2 286.00	38 316.00	…	12 236.00
2005/3	136 472.00	1 436.00	126.52	2 367.00	53 135.00	…	12 821.00
2005/2	121 315.00	923.00	126.52	2 086.00	31 001.00	…	6 835.00
2005/1	147 616.00	1 160.00	126.52	2 136.00	27 301.00	…	14 732.00

5.5.2 用电关联因素辨识

令月用电量数据为解释变量 X，设 $X=\{X_1,X_2,X_3,X_4,X_5\}$。其中，$X_1$、$X_2$、$X_3$、$X_4$、$X_5$ 分别为北方某市农、林、牧、渔业月用电量，北方某市工业月用电量，北方某市金融、房地产、商务及居民服务业月用电量，北方某市城乡居民生活月用电量，北方某市全社会月用电量。

令潜在关联因素的月度数据为条件变量 Y，设 $Y=\{Y_1,Y_2,\cdots,Y_{14}\}$。其中，$Y_1$ 为北方某市GDP，Y_2 为北方某市第二产业GDP，Y_3 为北方某市全社会固定资产投资(电力、热力、燃气及水的生产和供应业)，Y_4 为北方某市全社会固定资产投资(交通运输、仓储和邮政业)，Y_5 为北方某市星级饭店住宿接待总人数，Y_6 为北方某市户籍总人口，Y_7 为北方某市自来水售出量，Y_8 为北方某市天然气销售量，Y_9 为北方某市规模以上工业钢材产量，Y_{10} 为北方某市规模以上工业原油产量，Y_{11} 为北方某市规模以上工业增加值，Y_{12} 为北方某市限额以上批发零售贸易企业销售额，Y_{13} 为北方某市进出口总值，Y_{14} 为北方某市规模以上工业汽车产量。

通过Python对解释变量与条件变量进行最大互信息系数分析，得到最大互信息系数，形成关联系数表，见表5.3。

表 5.3 最大互信息系数结果

Y	X				
	X_1	X_2	X_3	X_4	X_5
Y_1	0.41	0.60	0.44	0.42	0.69
Y_2	0.43	0.55	0.48	0.43	0.70
Y_3	0.43	0.39	0.46	0.30	0.45
Y_4	0.40	0.53	0.36	0.38	0.49
Y_5	0.38	0.45	0.33	0.31	0.51
Y_6	0.32	0.82	0.75	0.80	0.96
Y_7	0.30	0.77	0.58	0.64	0.87
Y_8	0.35	0.75	0.81	0.83	0.90
Y_9	0.28	0.65	0.49	0.63	0.76
Y_{10}	0.28	0.42	0.41	0.38	0.42
Y_{11}	0.29	0.72	0.55	0.61	0.82
Y_{12}	0.42	0.48	0.29	0.32	0.51
Y_{13}	0.31	0.73	0.52	0.54	0.83
Y_{14}	0.34	0.75	0.50	0.65	0.88

为了更加直观地辨识出月用电量的强关联因素，采用 Python 的 seaborn 包以及 matplotlib 包对表 5.3 的最大互信息系数数据进行数据分析，并以热图的形式展现，如图 5.7 所示。

由图 5.7 可知：北方某市农、林、牧、渔业月用电量 X_1 与 Y_1、Y_2、Y_3、Y_4、Y_5、Y_{12} 最大互信息系数较大，关联性较强；北方某市工业月用电量 X_2 与 Y_6、Y_7、Y_9、Y_{11}、Y_{13}、Y_{14} 最大互信息系数较大，关联性较强；北方某市金融、房地产、商务及居民服务业月用电量 X_3 与 Y_6、Y_8、Y_7、Y_{11}、Y_{13}、Y_{14} 最大互信息系数较大，关联性较强；北方某市城乡居民生活月用电量 X_4 与 Y_6、Y_7、Y_8、Y_9、Y_{11}、Y_{13}、Y_{14} 最大互信息系数较大，关联性较强；北方某市全社会月用电量 X_5 与 Y_6、Y_7、Y_8、Y_9、Y_{11}、Y_{13}、Y_{14}、Y_1、Y_2 最大互信息系数较大，关联性较强，且受北方某市户籍总人口 Y_6、北方某市自来水售出量 Y_7、北方某市天然气销售量 Y_8、北方某市规模以上工业钢材产量 Y_9、北方某市规模以上工业增加值 Y_{11}、北方某市进出口总值

Y_{13}、北方某市规模以上工业汽车产量 Y_{14} 影响最大。

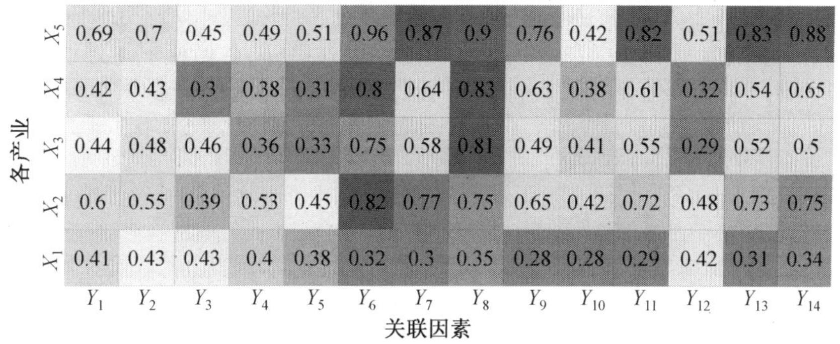

图 5.7　最大互信息系数结果

5.5.3　中期负荷预测

以北方某市全社会月用电量为例，进行 1—12 月的分月预测。以 2005—2014 年 9 种强关联因素月数据作为输入，北方某市全社会月用电量为输出，形成 1—12 月的 12 个原始训练集，然后采用随机森林算法对月用电量进行预测。采用随机森林算法进行用电量预测时，若直接采用月数据进行预测，不能很好地挖掘出数据之间的联系，预测精度大大降低。为了保证预测的准确性和稳定性，将强相关因素和月度用电量数据转化为月度同比增长率作为预测的输入和输出。月同比增长率 $R_{m,n}$ 计算公式如下：

$$R_{m,n}=\frac{d_{m,n}-d_{m-1,n}}{d_{m-1,n}}\times 100\% \tag{5.24}$$

式中，$d_{m,n}$ 表示第 m 年第 n 月的月度数据。

采用 Python 的 train-test-split 包来划分训练集与测试集，调用 RandomForestClassifier 包，设置 Bootstrap 参数为 True，从训练集中有放回地抽样选取 w 个训练样本子集，由这些训练样本子集生成 w 棵决策树；测试集用于对随机森林预测模型进行误差估计。每棵决策树生成时随机选取一半强关联因素作为随机特征变量，参与节点分裂过程。

取不同的决策树棵树，随机森林算法的预测精度也会不同，误差值计算采用平均绝对百分误差(Mean Absolute Percentage Error，MAPE)，公式如下：

$$\text{MAPE}=\frac{1}{n}\sum_{t=1}^{n}\left|\frac{y_{f(t)}-y_{a(t)}}{y_{a(t)}}\right|\times 100\% \tag{5.25}$$

式中，$y_{f(t)}$ 为预测值；$y_{a(t)}$ 为实际值。

以 8 月为例，图 5.8 显示了不同决策树棵树所对应的月用电量预测值与实际值之间的平均绝对百分误差。从图 5.8 中可以看出，随着决策树棵树的增多，MAPE 会趋向于某一个值。但决策树棵树较多时，会导致计算量迅速增加，预测所需时间更长。在综合考虑建模速度和预测误差的情况下，选取 150 棵决策树构成随机森林。

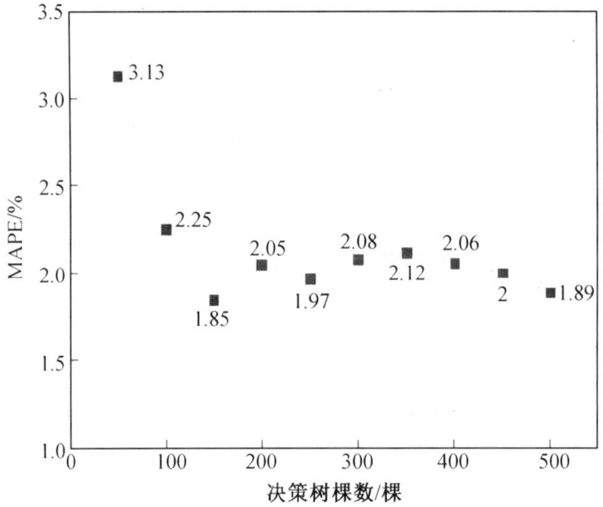

图 5.8 不同决策树棵数的误差

每个强关联因素对预测模型的重要性是不一样的，为了直观地看出每个强关联因素对预测模型的重要性，采取平均准确度下降率的方式，剔除一个强相关因素后，预测精度下降得越多，说明剔除的强相关因素对预测模型越重要。9 种强关联因素的重要性程度如图 5.9 所示。由图 5.9 可知，Y_6、Y_8、Y_{11}、Y_{14} 的重要性较高，这与图 5.7 的分析结果吻合。

以 2015 年 8 月随机森林月用电量预测中的第 44 棵决策树为例，分析 CART 决策树的工作过程，第 44 棵 CART 决策树如图 5.10 所示。

图 5.10 中，Y_1、Y_6、Y_7、Y_8、Y_{13} 为 2015 年 8 月北方某市全社会月用电量的强关联因素；gini 表示基尼系数，用于纯度测量，如果一个节点包含的所有训练样本全都是同一类别的，即这个节点是纯的(gini=0)；samples 表示当前节点应用于多少个训练样本实例；valve 表示当前节点对于每一个类别的样例有多少个；class 表示分类结果。

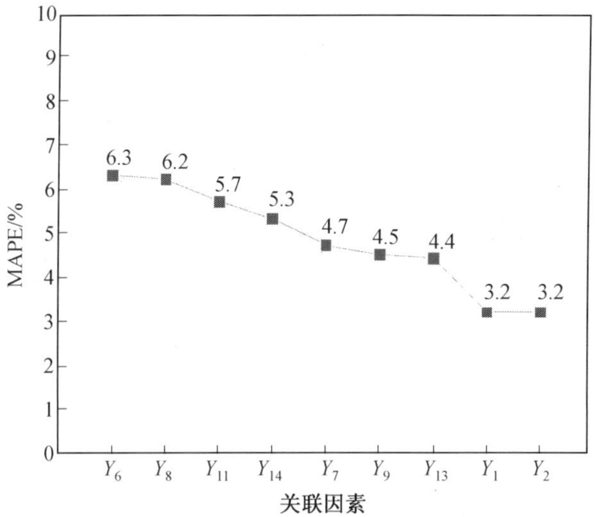

图 5.9　不同关联因素对预测精度的影响

CART 决策树预测过程如下：从根节点出发，首先判断 Y_8 是否小于或等于 41.95，是则移动到左子节点，否则移动到右子节点，右子节点 gini＝0，则判定 2015 年 8 月用电量同比增长率和 2006 年 8 月用电量同比增长率为同一类，并以 2006 年 8 月用电量同比增长率作为 2015 年 8 月用电量同比增长率的预测值。具体的用电量预测过程：$Y_8=-3.4<41.95$，移动到左子节点；$Y_1=1.34<4.435$，移动到左节点；$Y_{13}=36.5>31.5$，移动到右子节点；$Y_7=4.6<8.6$，移动到左子节点，因为 gini＝0，判定 2015 年 8 月用电量同比增长率与 2014 年 8 月用电量同比增长率为同一类，并以 2014 年 8 月用电量同比增长率作为 2015 年 8 月用电量同比增长率预测值为 3.78，再将其转换为月用电量为 $263\ 447\times10^4$ kW·h。

5.5.4 预测结果分析

(1) 采用月数据作为训练样本，考虑全部因素，采用随机森林算法进行预测。

以月数据作为训练样本，考虑全部影响因素，采用随机森林算法进行预测，预测结果如图 5.11 所示。由图 5.11 可知，一月、二月、三月、四月的预测结果较为准确，但四月至十二月预测结果较差，偏差较大，但预测结果的趋势与实际值趋势一致，考虑到可能是由于数据差距过大导致预测结果偏差较大，于是进而采用月同比增长率数据作为训练样本，考虑全部影响因素，采用随机森林算法进行

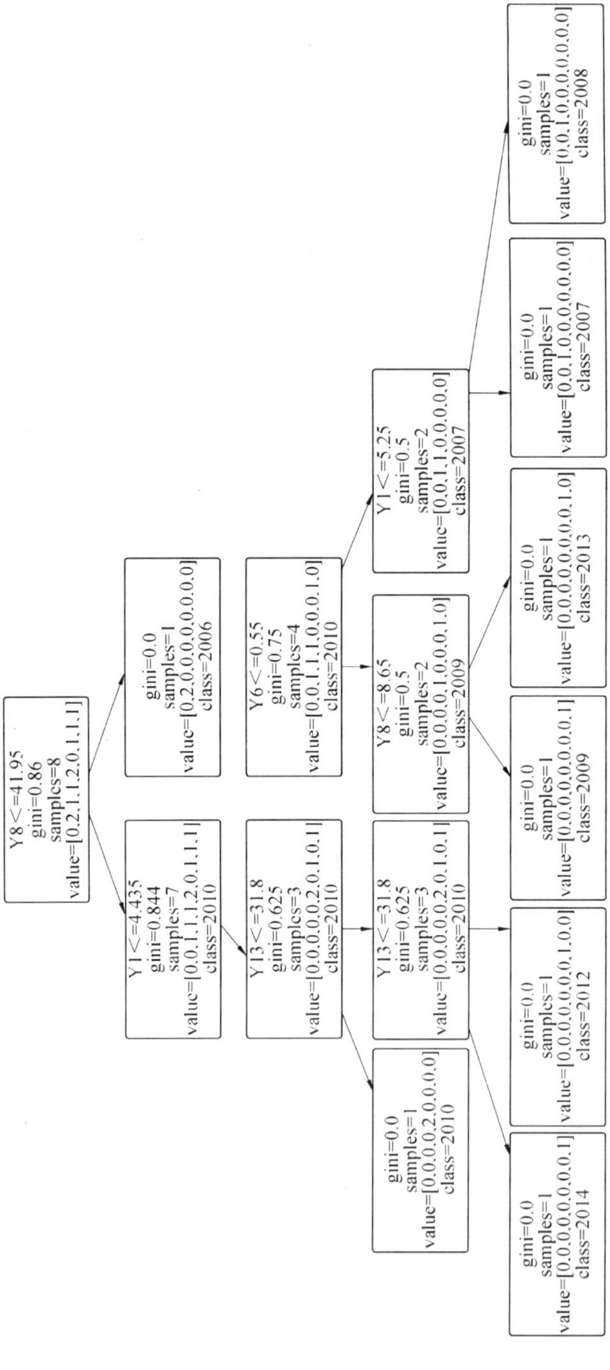

图 5.10 CART决策树

预测。

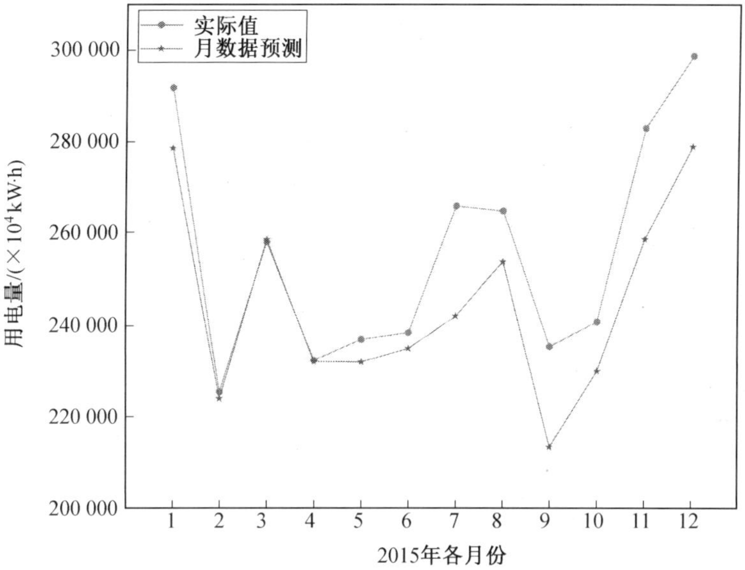

图 5.11　月数据训练样本预测结果

(2) 采用月同比增长率数据为训练样本，考虑全部因素，采用随机森林算法预测。

以月同比增长率数据作为训练样本，考虑全部影响因素，采用随机森林算法进行预测，预测结果如图 5.12 所示。由图可知，预测结果曲线与实际值曲线基本贴合，预测精度较高，验证了训练样本数据差距过大对预测结果影响较大的猜想，为更进一步提高预测精度，依然采用月同比增长率数据为训练样本，筛选出强关联因素，采用随机森林算法进行预测，以验证在进行中期负荷预测时并非考虑越多影响因素预测精度便越高的猜想。

(3) 采用本章所提方法。

预测结果如图 5.13 所示，预测结果曲线基本与实际值曲线重合，预测精度更高。

(4) 采用月同比增长率数据为训练样本，筛选强关联因素，采用支持向量机预测。

预测结果如图 5.14 所示，预测值与实际值贴合程度低，预测精度较差。

中期负荷预测各方法综合对比如图 5.15 所示，具体预测结果见表 5.4。

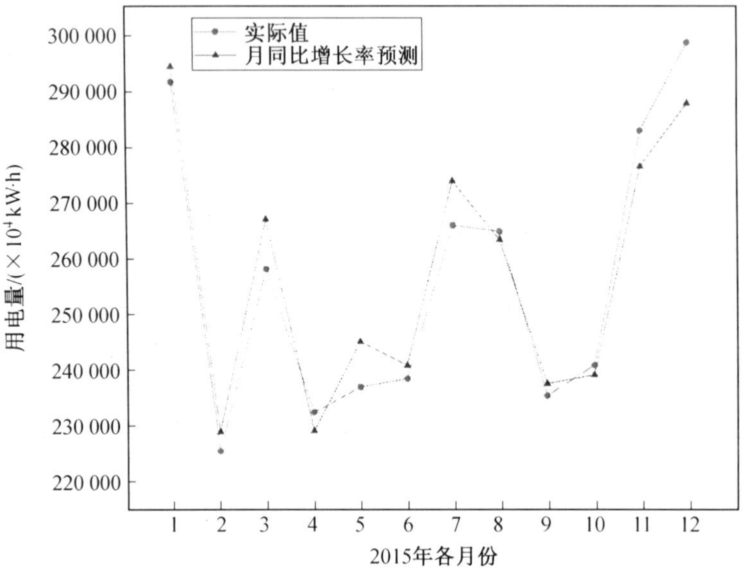

图 5.12　月同比增长率为样本预测结果

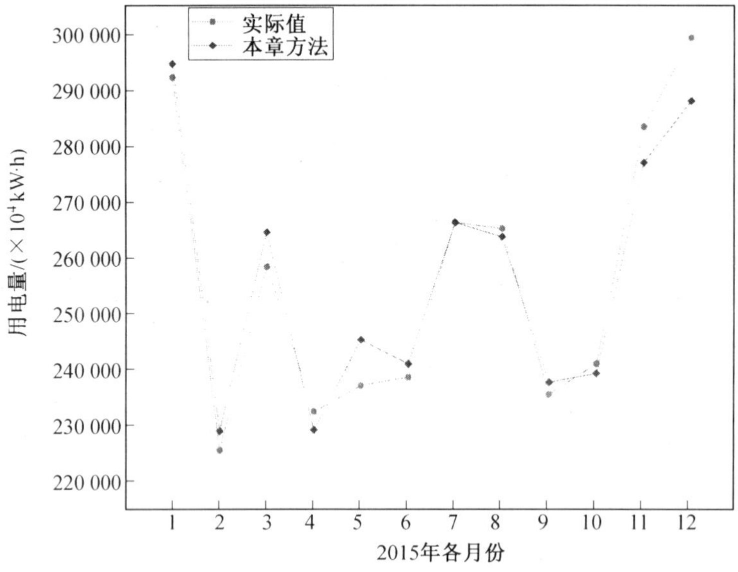

图 5.13　本章所提方法预测结果

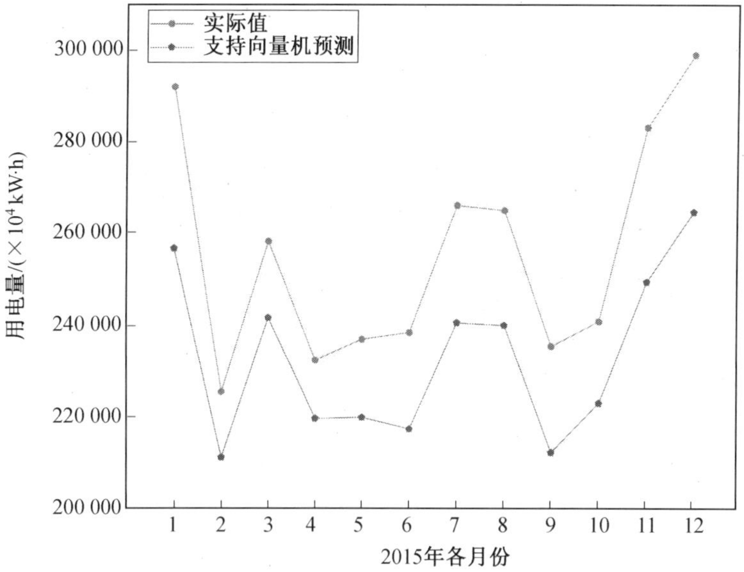

图 5.14 支持向量机预测结果

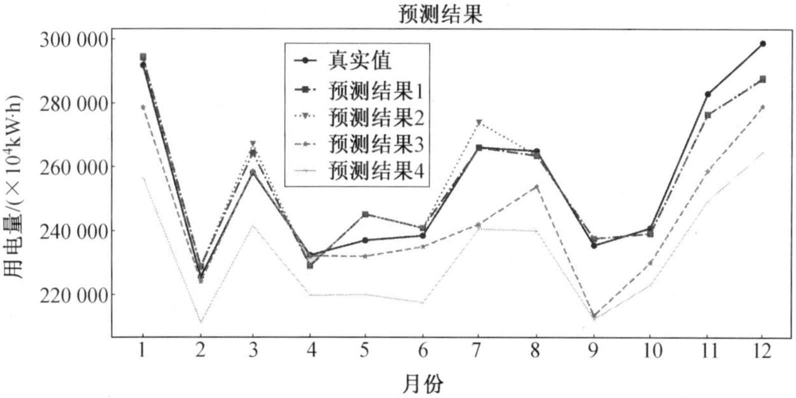

图 5.15 2015 年北方某市全社会月用电量预测结果图

预测结果 1 是所提方法，训练样本采用月同比增长率数据；预测结果 2 采用的是月同比增长率作为训练样本，考虑全部因素；预测结果 3 采用的是月数据作为训练样本，考虑全部因素。

同时，由于支持向量机在月用电量预测中应用较为广泛，为了进一步验证所提方法的有效性，采用支持向量机与所提方法进行对比。预测结果 4 以考虑全部因素的月数据为训练样本，采用支持向量机进行预测。2015 年北方某市全社会实际月用电量与预测结果如表 5.4 及图 5.15 所示。

表 5.4　预测结果对比

月份/月	实际值/($\times 10^4$kW·h)	预测值/($\times 10^4$kW·h)			
		预测结果 1	预测结果 2	预测结果 3	预测结果 4
1	291 777	294 179	294 527	278 649	256 573
2	225 499	228 880	228 880	224 041	211 243
3	258 137	264 281	267 074	258 643	241 613
4	232 390	229 050	229 050	232 115	219 709
5	236 996	245 140	245 140	232 031	219 945
6	238 483	240 859	240 859	235 030	217 422
7	266 009	265 975	273 931	242 063	240 573
8	264 925	263 447	263 447	253 851	240 003
9	235 462	237 586	237 586	213 471	212 331
10	240 884	239 168	239 168	230 029	223 022
11	283 009	276 543	276 543	258 735	249 380
12	298 822	287 618	287 922	278 979	264 577
MAPE/%		1.53	1.88	4.25	8.82

由图 5.15 和表 5.4 可知，在不采用最大互信息系数进行关联因素筛选的条件下，训练样本采用月同比增长率与训练样本直接采用月数据相比，训练样本采用月同比增长率的预测精度要更高；在都采用月同比增长率的基础上，通过最大互信息系数进行关联因素筛选，以强关联因素的月同比增长率数据作为训练样本进行预测比不采用最大互信息系数进行关联因素筛选的预测精度要高，因此并不是考虑越多的关联因素越好，过多的低关联因素会降低预测精度。当采用最大互信息系数剔除低关联因素时，可以显著降低预测误差。相较于支持向量机算法，所提方法在 MAPE 指标上提升了 7.29%，实验结果表明，所提方法的预测效果较优。

5.6　本章小结

在进行中期负荷预测时，多数方法是对历史数据的时间序列直接建模预测，不能很好地将多种中期负荷影响因素纳入考虑范围，且对异常值和噪声敏感，而数据驱动的中期负荷预测方法也存在容易过拟合、收敛速度慢等问题。据此，本章提出了基于最大互信息系数的随机森林中期负荷预测方法。获得的主要结论如下：

(1) 本章引入了最大互信息系数，对中期负荷影响因素进行了辨识，筛选出强关联因素参与中期负荷预测，并通过算例分析验证了所提方法的适用性和准确性。

(2) 本章采用随机森林算法进行预测，有效避免了数据驱动方法的过拟合问题。

第6章　基于随机配置网络的短期负荷预测方法研究

6.1　短期负荷预测的影响因素

在短期负荷预测中，日负荷的影响因素一直备受关注，每种影响因素的波动都有可能造成当地负荷曲线趋势的改变。因此，想要获得更精准的短期负荷预测结果，就必须先对短期负荷的影响因素进行挖掘分析。通过对南方某市日负荷曲线进行分析，得到短期负荷的主要影响因素如下：

(1) 气象因素。

气象因素主要包含天气状况、空气的湿度、光照强度、风力风向、降雨量、最高温度、最低温度、平均温度等。人们的用电行为与气象因素息息相关，气象因素中的温度更是短期负荷预测中最重要的因素，温度的高或低会对空调的使用造成直接影响。从南方某城市春夏秋冬四季中各随机选取一天的电力负荷构成各季节电力负荷曲线图，分析温度与电力负荷之间的关系，如图 6.1 所示。

由图 6.1 可知，夏季和冬季的负荷曲线接近，春季和秋季的负荷曲线接近，且夏季和冬季的负荷要高于春季和秋季，造成这种结果的主要原因是冬季的高温和夏季的低温不在人们舒适的温度区间内，因此夏季和冬季的空调等大功率电器的使用频率要比春季和秋季更高，用电负荷也更大，由此可见温度对短期负荷预测有较大的影响。

(2) 电价因素。

在用电高峰时，我国很多地区的发电量供不应求，但在用电高峰时增加发电量需要的成本较高。因此，为了保证供电的连续性及可靠性，需要对一部分用户进行拉闸限电。而在用电低谷时，发电量供大于求，使多余发出的电量不能得到充分利用，不但浪费资源而且降低了电网运行的经济性。为了缓解上述问题，峰谷电价因此被提出，峰谷电价也称为“分时电价”，即提高用电高峰时的电费，降低用电低谷时的电费，分时段计算电费。这一举措使得一部分用电单位为了节

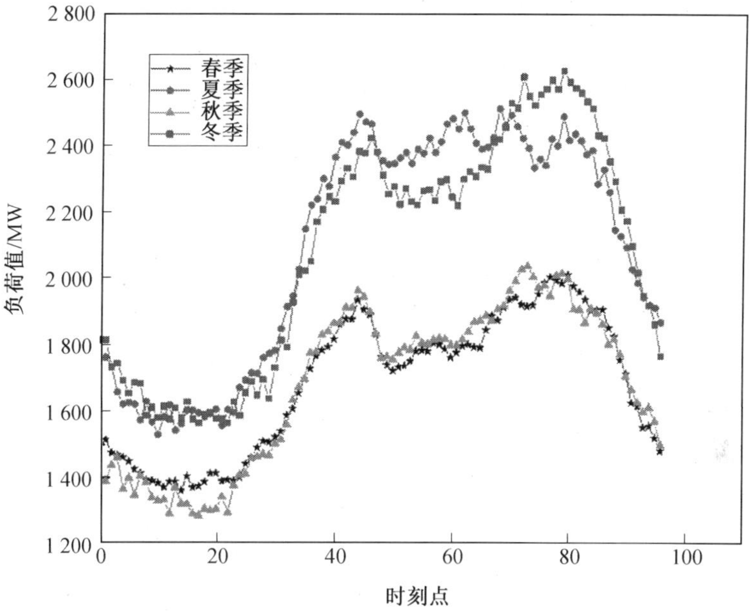

图 6.1 南方某市四季中各一日的电力负荷曲线

约用电成本，避开用电高峰所在时间段进行用电，间接降低了用电高峰时间段的用电量，增加了用电低谷所在时间段的用电量，降低了峰谷差，使能源和设备得到更有效的利用。

(3) 时间因素。

某一日负荷曲线如图 6.2 所示。从图 6.2 中可以看出，在每日凌晨的时候用电负荷最低，傍晚的时候用电负荷最高，这是人们生活作息的方式导致的。时间因素对短期负荷预测的影响还体现在季节性，正如图 6.1 所分析的，夏季和冬季的用电负荷要高于春季和秋季。

周期性也对短期负荷预测有着较大影响，如图 6.3 所示，图中展示了南方某城市某一周连续七天的负荷曲线。从图 6.3 中可以看出，一周的时间段内，每天的日负荷曲线趋势基本一致，且星期一到星期五的最高负荷值要高于星期六和星期日的最高负荷值，这是由于工作日生产及工作所需的用电量高于休息日。

(4) 随机干扰因素。

上述气象因素、时间因素、电价因素对短期负荷预测的影响都有规律可循，但还有一些随机因素也会对短期负荷预测影响较大，它们常常无法预知，没有任

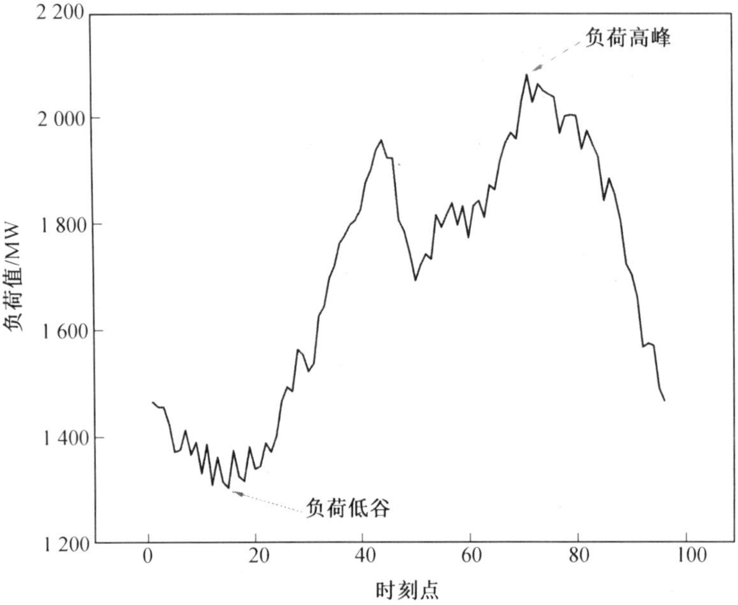

图 6.2　某一日负荷曲线

何规律可循，比如供电线路发生故障造成停电、停电检修、不可预知的重大自然灾害、举办大型活动等，这些随机因素会对短期负荷预测的精度造成不同程度的影响。

6.2　短期负荷预测问题描述

在进行短期负荷预测时，不但要考虑负荷本身随时间变化的规律，还要考虑外部因素对负荷预测的影响，如天气、温度（最高气温、最低气温及平均气温）和日期类型等。通过前面分析的短期负荷预测影响因素，温度是对短期负荷预测影响最显著的因素，天气以及日期类型也均有不同程度的影响，但天气及日期类型在预测时无法被机器识别，因此需要将其预处理为机器可以识别的代码。传统的短期负荷预测方法非线性映射能力有限，对未知数据的泛化能力较弱，容易存在时间序列信息的丢失问题，预测精度仍有提升空间，因此需要选择一个合适的算法进行短期负荷预测。短期负荷预测的问题描述如图 6.4 所示。

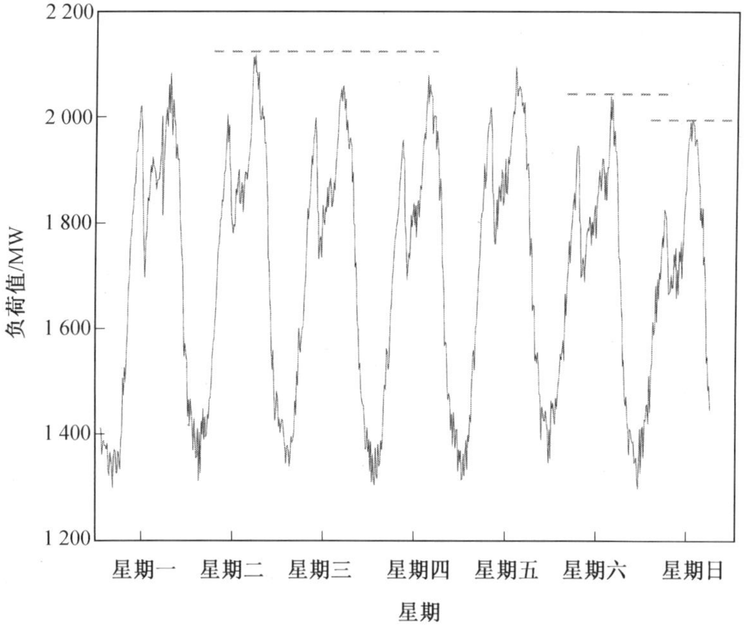

图 6.3　某一周负荷曲线

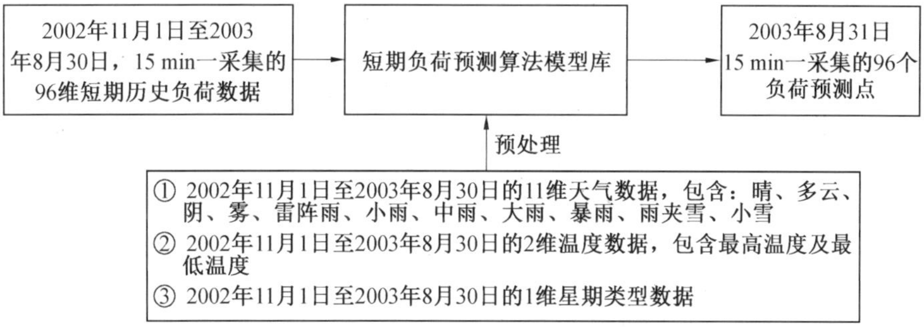

图 6.4　短期负荷预测问题描述

6.3　基于随机配置网络的短期负荷预测策略结构

基于随机配置网络的短期负荷预测方法的实现策略如图 6.5 所示。主要内容包括：对历史短期日负荷缺失数据进行填充，通过取缺失值附近的两个值的平均数作为缺失值的填充，对天气及星期类型数据进行编码，将天气转换成矩阵的形式表示；历史短期日负荷数据与日负荷的影响因素数据共同构成训练样本集，通过 Bootstrap 法重采样，形成 n 个规模大小相同的训练子集；对每个训练子集构建随机配置网络模型；通过取所有随机配置网络模型预测结果的平均值作为最终短期负荷预测结果，同时与采用 LSTM 神经网络法及直接构建 SCNs 法预测进行对比，验证本章短期负荷预测所提方法的有效性。

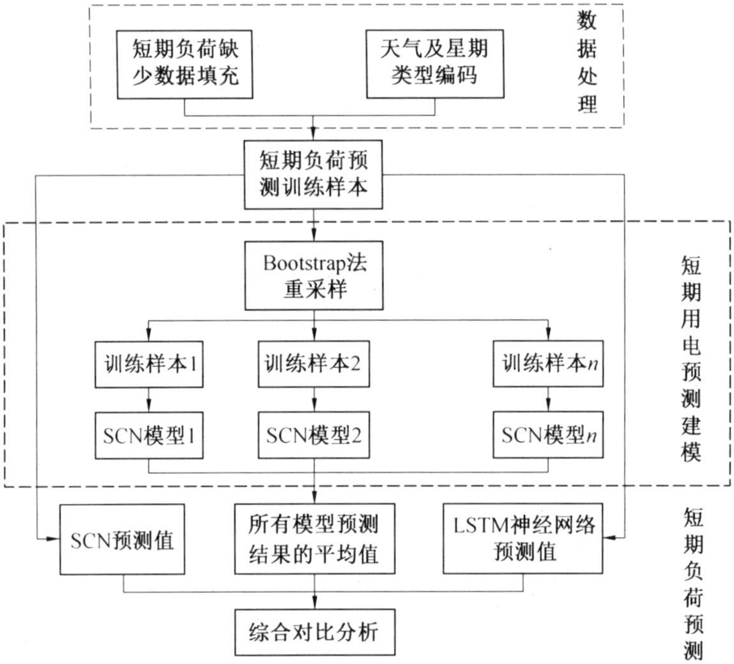

图 6.5　短期负荷预测方法策略图

6.4　基于随机配置网络的短期负荷预测建模

6.4.1　数据处理

原始的短期负荷数据难免有缺失，为了降低缺失数据对短期负荷预测的影响，需要对缺失的短期负荷数据进行填补。填补的方法有很多种，比如 0 填充、中位数填充、平均值填充等。本章采用平均值进行填充，以缺失值附近的两个数据的平均值作为填充，使之尽可能接近真实的数据。

根据分析研究已有数据集的负荷特性，当模型预测未来 24 h 的负荷数据时，确定除负荷外的其他影响因素包括：预测日的最高温度、最低温度、天气以及预测日为星期几。其中天气主要包含：晴、多云、阴、雾、雷阵雨、小雨、中雨、大雨、暴雨、雨夹雪、小雪。例如，当天气为晴转多云时，晴用 1 表示，多云用 1 表示，其余气象为 0 即用[1,1,0,0,0,0,0,0,0,0,0] 这样的一维矩阵表示晴转多云。使用 1 ～ 7 数字代表星期几。例如，预测日为星期日则在星期位设置为 7。

6.4.2 Bagging 集成算法的基本原理

集成学习是将多个学习器结合起来构建成一个强学习器方法的统称，它把为了解决同一个问题的多种模型进行融合，使之变成一个更强大的学习器。虽然集成学习的基学习器的具体算法以及基学习器的组合策略各不相同，但是集成学习算法的基本实现步骤却大同小异。集成学习首先都是通过不同的训练样本子集对每个基学习器进行训练，然后将训练好的基学习器通过某种组合策略结合到一起，将单个的弱学习器变成一个集成的强学习器。多个基学习器集成后的性能远高于单个基学习器的性能，目前比较成熟的集成学习方法主要有 Bagging 和 Boosting，采用最经典的 Bagging 算法进行短期负荷预测。

Breiman 在 1996 年提出了 Bagging 集成学习方法，Bagging 的基本流程图如图 6.6 所示，它是一种并行的集成学习方法，首先通过 Bootstrap 法重采样从原始数据集中提取 P 个与原始数据集中样本个数一致的训练子集，每个训练子集所包含的样本个别是重复的，而且原始数据集中大约有 37% 的样本不会出现在训练子集中，不出现在训练子集中的样本又称为“袋外数据”，然后将生成的每一个训练子集分别用于对一个基学习器的训练，最后通过某种组合策略将这些基学习器进行集成。Bootstrap 法重采样在第 2 章已经详细介绍，这里不再赘述。

对于运用 Bagging 集成算法的模型，其性能能否得到有效的提高主要取决于单个基学习器的稳定性，对于不稳定的基学习器，即对于有细微差别的不同训练集，基学习器的输出结果却大相径庭，造成基学习器输出结果误差较大，常见的不稳定基学习器有决策树以及神经网络等。对于不稳定基学习器，在 Bagging 算法集成后可以使模型的泛化能力得到较大提升，并且能使模型的输出方差得到较大幅度的降低。应用 Bagging 算法集成后模型的性能还取决于每个基学习器之间是否相互独立且互不相同，并且采用 Bagging 算法集成的模型是所有基学习器同时进行训练，这也有效地节省了大量训练时间。此外，Bagging 算法的基础是 Bootstrap 法重采样，在每一个基学习器进行训练之前采

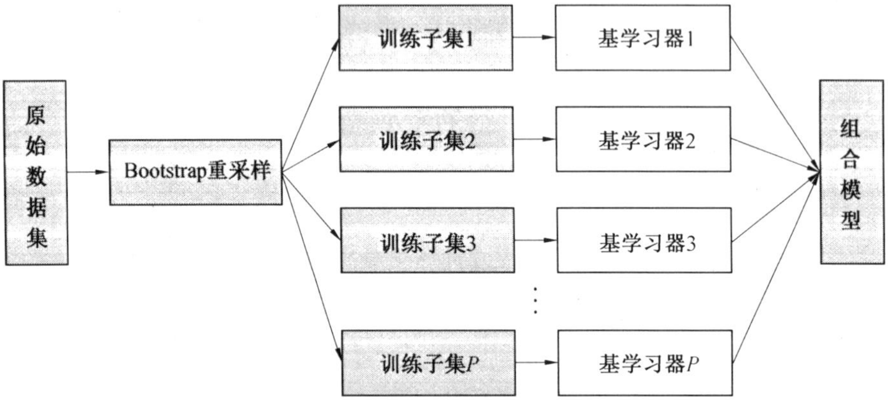

图 6.6 Bagging 基本流程图

用 Bootstrap 对原始训练集进行重采样，得到与每个基学习器相对应的训练子集，且每个训练子集互不相同，尤其当把神经网络及决策树算法作为基学习器时，由于算法本身的不稳定性，当训练子集稍有不同时，便会使得训练的基学习器存在一定的差异，Bagging 恰恰是通过对各基学习器进行集成后降低模型的方差，使集成后模型的泛化性能得到提高，当训练数据差别不大或者存在噪声时，集成后模型的输出结果不会有很大的波动，增加了其稳定性，同时也具备了一定的抗噪声能力。

6.4.3 随机配置网络基本原理

随机配置网络(Stochastic Configuration Networks,SCNs)是一种有监督的随机权神经网络，由 Wang 和 Li 于 2017 年提出，随机配置网络的网络结构如图 6.7 所示。与传统前馈神经网络不同，SCNs 不需要过多的人为干预，从一开始的一个小型网络，经过对输入权值和阈值的随机选取，逐渐增加小型网络隐含层神经元的个数，并通过最小二乘法计算每次生成网络输出的权值和阈值，直至神经网络最后的训练精度达到要求便停止训练。此外，SCNs 的随机参数并不是完全随机选取，而是对其增加了一个不等式约束条件，并依据所选的随机参数自动选择合适的随机参数取值范围，进一步增加了随机配置网络随机化学习的通用性。

SCNs 基本网络结构如图 6.7 所示，图中的 SCNs 是 $M-(L-1)-K$ 结构，其中 M 表示输入层神经元的个数，$L-1$ 表示隐含层神经元个数，K 表示输出层

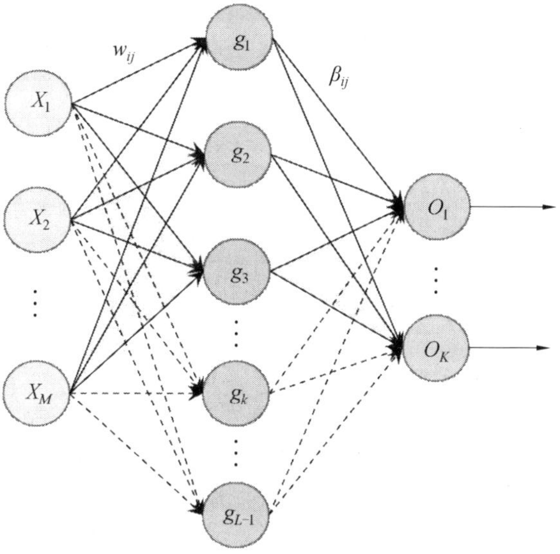

图 6.7 SCNs 基本网络结构

神经元个数。$\boldsymbol{X}$ 为随机配置网络的输入矩阵，在本章短期负荷预测中，$\boldsymbol{X}$ 为 2002 年 11 月 1 日至 2003 年 8 月 30 日的日负荷影响因素数据，包括温度、编码后的星期类型、编码后的天气等因素，即

$$\boldsymbol{X}=\{X_1,X_2,\cdots,X_N\}=\begin{bmatrix} x_{11} & x_{12} & \cdots & x_{1N} \\ x_{21} & x_{22} & \cdots & x_{2N} \\ \vdots & \vdots & & \vdots \\ x_{M1} & x_{M2} & \cdots & x_{MN} \end{bmatrix}$$

式中，M 为输入矩阵的维数，本章对应 14 维；N 为输入矩阵中样本的个数。对应 303 个；$X_N=[x_{1N},x_{2N},\cdots,x_{MN}]$ 为第 N 个输入样本。$T_n=[t_{1N},t_{2N},\cdots,t_{KN}]$ 为第 N 个样本的期望输出，其中 K 为短期日负荷一天的采样点，对应 96 个。

$\boldsymbol{W}$ 表示输入层与可变隐含层之间的权值矩阵，即

$$\boldsymbol{W}=\begin{bmatrix} w_{11} & w_{12} & \cdots & w_{1L-1} \\ w_{21} & w_{22} & \cdots & w_{2L-1} \\ \vdots & \vdots & & \vdots \\ w_{M1} & w_{M2} & \cdots & w_{ML-1} \end{bmatrix}$$

$\boldsymbol{B}$ 表示隐含层神经元节点的阈值矩阵，即

$$\boldsymbol{B}=[b_1,b_2,\cdots,b_{L-1}]^{\mathrm{T}}$$

b_j 表示第 j 个隐含层神经元的阈值，$g()$ 为隐含层神经元节点的激活函数，SCNs 隐含层神经元激活函数为 sigmoid 函数，$g_j=[g_{j1},g_{j2},\cdots,g_{jN}]$ 表示第 j 个隐含层神经元的输出，即

$$g_j=g(w_j^{\mathrm{T}}X+b_j)=\frac{1}{1+\mathrm{e}^{-w_j^{\mathrm{T}}X+b_j}} \tag{6.1}$$

式中，w_j 为输入节点与第 j 个隐含节点的连接权值。该网络隐含层节点的输出矩阵为

$$\boldsymbol{H}=[g_1,g_2,\cdots,g_{L-1}]^{\mathrm{T}}=\begin{bmatrix} g_{1,1} & g_{1,2} & \cdots & g_{1,N} \\ g_{2,1} & g_{2,2} & \cdots & g_{2,N} \\ \vdots & \vdots & & \vdots \\ g_{L-1,1} & g_{L-2,2} & \cdots & g_{L-1,N} \end{bmatrix}$$

$\boldsymbol{\beta}$ 为隐含层与输出层的连接权值矩阵，即

$$\boldsymbol{\beta}=\begin{bmatrix} \beta_{1,1} & \beta_{1,2} & \cdots & \beta_{1,K} \\ \beta_{2,1} & \beta_{2,2} & \cdots & \beta_{2,K} \\ \vdots & \vdots & & \vdots \\ \beta_{L-1,1} & \beta_{L-2,2} & \cdots & \beta_{L-1,K} \end{bmatrix}$$

β_{jk} 为第 j 个隐含节点与第 k 个输出节点的连接权值，$\boldsymbol{O}=[O_1,O_2,\cdots,O_K]^{\mathrm{T}}$ 为网络的实际输出，则具有 $M-(L-1)-K$ 结构的随机配置网络的输出为

$$\boldsymbol{O}=\boldsymbol{\beta}^{\mathrm{T}}\boldsymbol{H} \tag{6.2}$$

给定目标函数 $f:\mathbf{R}^M\to\mathbf{R}^K$，则当前网络的输出为

$$f_{L-1}(X)=\boldsymbol{\beta}^{\mathrm{T}}\boldsymbol{H}=\sum_{j=1}^{L-1}\beta_j g_j(w_j^{\mathrm{T}}X+b_j)\quad(L=1,2,\cdots;f_0=0) \tag{6.3}$$

当前网络的残差为

$$\boldsymbol{e}_{L-1}=f-f_{L-1}=[e_{L-1,1},e_{L-1,2},\cdots,e_{L-1,K}] \tag{6.4}$$

如果当前网络的输出残差 $\|e_{L-1}\|$ 没有达到网络提前设定的理想误差，那么这个网络会逐渐增加隐含层神经元的个数，然后根据不等式约束条件自动选择合适的随机参数取值范围，得到第 L 个隐含层节点参数 g_L(w_L 和 b_L)。

SCNs 中得到隐含层节点参数的不等式约束条件为

$$\zeta_{L,K}=\left(\frac{(e_{L-1,K}(X)^{\mathrm{T}}\cdot g_L(X))^2}{g_L(X)^{\mathrm{T}}\cdot g_L(X)}-(1-r-\mu_L)e_{L-1,K}(X)^{\mathrm{T}}\cdot e_{L-1,K}(X)\right)\geqslant 0 \tag{6.5}$$

式中，$g_L=g_L(w_L^{\mathrm{T}}X+b_L)$ 为第 L 个隐含层神经元的输出；e_{L-1} 为随机网络在构建第 $L-1$ 个隐含层神经元时的输出残差；$0<r<1$，其可根据隐含层节点参数选取的过程进行适当调整；$\mu_L=\dfrac{1-r}{L+1}$ 为非负实数序列。从式(6.5) 不等式约束条件可以得出结论：输入训练样本的分布情况对随机配置网络的阈值选取及参数权重有着直接影响。

第 L 个隐含层神经元的输出权值由式(6.7) 得出：

$$\beta_{L,K}=\frac{\langle e_{L-1,K},g_L\rangle}{\|g_L\|^2}\quad(k=1,2,\cdots,K)\tag{6.6}$$

当第 L 个隐含层神经元构建完毕，此时随机配置网络的输出为

$$f_L(X)=f_{L-1}(X)+\beta_L g_L(w_L^{\mathrm{T}}X+b_L)\tag{6.7}$$

得到随机配置网络的输出，然后判断网络输出的残差 e_L 是否满足对误差的预设要求，如果输出的残差满足预设要求，那么 SCNs 模型完成构建；如果输出的残差不满足预设要求，则继续按照式(6.6) 所示的不等式约束条件，增加隐含节点使网络输出的残差降低，直到输出的残差满足预设，停止训练，输出 SCNs 模型。SCNs 基本流程如图 6.8 所示。

在构建随机配置网络的过程中涉及网络输出权值的计算，目前有 SC－Ⅰ、SC－Ⅱ 和 SC－Ⅲ 算法用于计算网络输出权值。上述随机配置网络构建过程中输出权值的计算采用的是SC－Ⅰ 算法，即通过最小二乘法计算输出权值。但是 Wang 和 Li 经过研究发现，SC－Ⅰ 算法在估计输出权值 β_L^* 的最优值时收敛速度较慢，因此为了提高估计输出权值时的收敛速度，采用全局残差最小化方法估计最优输出权值，即

$$[\beta_1^*,\beta_2^*,\cdots,\beta_L^*]=\arg\min_{\beta}\left\|f-\sum_{j=1}^{L}\beta_j g_j(w_j^{\mathrm{T}}X+b_j)\right\|\tag{6.8}$$

运用这种通过最小二乘法求伪逆矩阵的方法对输出权值进行求解的算法称为 SC－Ⅲ 算法。SC－Ⅲ 算法较 SC－Ⅰ 算法在模型收敛速度上有了较大幅度的提升，也使算法具有通用逼近性。但也存在一些不足，比如样本数量较大时采用全局残差最小化方法求得的伪逆矩阵有着较高的误差，而且每新增加一个隐含层神经元就需要使用最小二乘法对所有输出权值进行更新，使得计算量大幅增加。针对上述 SC－Ⅲ 算法存在的问题，SC－Ⅱ 算法也因此被提出，SC－Ⅱ 算法的实现原理是一种对全局最小二乘法进行窗口移位来解决局部最小二乘的

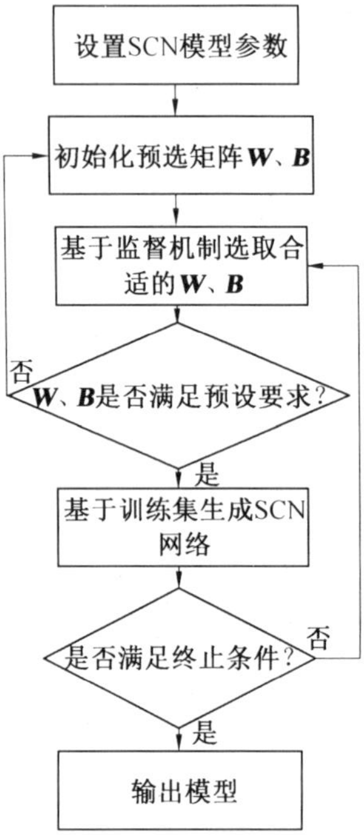

图 6.8 SCNs 基本流程图

方式,通俗地说就是当给定的窗口大小容纳不了隐含层神经元的数量时,不去优化全部的输出权值而是只优化其中的一部分。因此 SC－II 算法也只适用于处理超大规模数据,对于小样本数据意义和价值不大。鉴于 SC－Ⅰ、SC－Ⅱ、SC－Ⅲ 各算法的优缺点及适用范围,并结合用于短期负荷预测训练的已有数据情况(33 330 个数据),本章在采用 SCNs 进行短期负荷预测时,选取 SC－Ⅲ 算法求解输出权值矩阵。

SCNs 需要人为设定的参数很少,SCNs 模型最重要的就是隐含层的构建,但 SCNs 不需要人为设定隐含层神经元个数,而且 SCNs 的初始权重 w 和阈值 b 都是在范围$[-\lambda,\lambda]$中选取的,其中 λ 可以视 SCNs 的训练情况进行适当调整。随机配置网络的监督机制体现在判断新增的隐含层节点的权值和阈值是否满足不等式约束条件,这一监督机制避免了当初始参数选取不合理时,传统随机神经网络通用逼近性能下降的问题,并且有效地防止产生无用的隐含层神经元。

随机配置网络隐含层神经元个数越多模型越复杂,也因此更容易出现过拟合问题导致模型的泛化性能偏弱,考虑到 Bagging 集成算法的避免过拟合提高泛化性能的优势，因此提出 Bagging－SCNs 算法用于短期负荷预测。

6.4.4 Bagging－SCNs 短期负荷预测模型的建立

SCNs 模型的构建如图 6.9 所示，以 2002 年 11 月 1 日至 2003 年 8 月 30 日的编码后天气、星期类型、最高温度、最低温度共计 303 个 14 维影响因素数据作为输入，构建含有 14 个神经元的输入层，230 个神经元的隐含层及 96 个神经元的输出层。

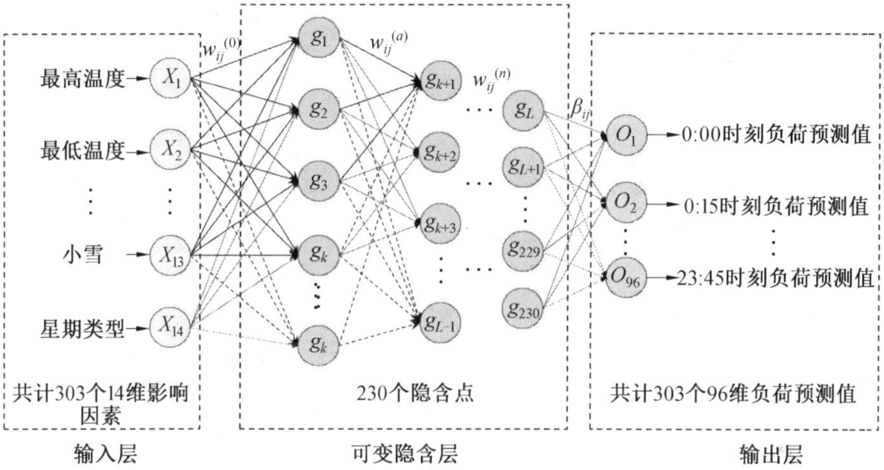

图 6.9 SCNs 短期负荷预测模型

集成学习思想是将多个用于解决同一个问题的基学习器进行组合使集成后的模型性能得到较大提升。通过前面介绍的 Bagging 算法的基本原理可知，Bagging 集成学习首先是通过不同的训练样本子集对每个基学习器进行训练，然后将训练好的基学习器通过某种组合策略结合到一起，将单个的弱学习器变成一个集成的强学习器。

多个不稳定基学习器经过 Bagging 集成后的性能远高于单个不稳定基学习器的性能，且模型泛化能力得到大幅度提高。SCNs 具有学习速度快的优点，能够根据输入数据的特点，自动生成相应的网络结构，对输入数据有较强的逼近能力，有效降低人为干预所造成的误差。经过 Bootstrap 法重采样所生成的训练样本子集用于对各基学习器进行训练增加了各基学习器之间的差异性，使集成后模型的泛化性能得到进一步提高。因此，结合 Bagging 和 SCNs 算法各自的优点与不足，在此提出 Bagging－SCNs 短期负荷预测方法。该算法的详细步骤在算法 3 中详细给出。

算法 3 Bagging－SCNs

输入：给定训练样本集 $X=\{X_1,X_2,\cdots,X_N\}$；对应样本的期望输出 $T=\{t_1,t_2,\cdots,t_N\}$；基学习器个数 P；SCNs 最大隐含层神经元的个数 $l_{\max}$；误差容忍度 ε；预选矩阵的大小 $T_{\max}$；随机参数的取值范围 $\gamma=\{\lambda_{\min},\cdots,\lambda_{\max}\}$

输出：一个集成学习器 $R(X)$

1 初始化：$\boldsymbol{e}_0=[t_1,t_2,\cdots,t_N]^{\mathrm{T}},0<r<1,\boldsymbol{\Omega},w=\boldsymbol{\Phi}$；

2 for $I=1$ to P do

3 利用 Bootstrap 的方式从训练样本集 X 中有放回的抽取出与 X 相同大小的训练子集 X_I

4 基于不同的训练子集 X_i 对相应的基学习器 $\theta_l(x)$ 进行训练

5 while $L\leqslant L_{\max}$ and $\|E_0\|_F>\varepsilon$, do

6 for $\lambda\in\gamma$, do

7 for $k=1,2,\cdots,T_{\max}$, do

8 分别从区间 $[-\lambda,\lambda]^M$ 和 $[-\lambda,\lambda]$ 中随机分配 w_L 和 b_L

9 计算 $g_L(X)=[g_L(w_L^{\mathrm{T}}x_1+b_L),g_L(w_L^{\mathrm{T}}x_2+b_L),\cdots,g_L(w_L^{\mathrm{T}}x_N+b_L)]$

10 计算 $\xi_{L,K}=\left(\dfrac{(e_{L-1,K}(X)^{\mathrm{T}}\cdot g_L(X))^2}{g_L(X)^{\mathrm{T}}\cdot g_L(X)}-(1-r-\mu_L)e_{L-1,K}(X)^{\mathrm{T}}\cdot e_{L-1,K}(X)\right)$

11 计算 $\mu_L=(1-r)/(L+1)$

12 if $\min\{\xi_{L,1},\xi_{L,2},\cdots,\xi_{L,K}\}\geqslant 0$

13 分别将 w_L 和 b_L 存入 W 中，将 $\xi_L=\sum_{k=1}^{K}\xi_{L,K}$ 存入 Ω 中

14 else

15 返回步骤 7

16 end if

17 end for

18 if W 不为空集

19 在 Ω 中找到使得 ξ_L 最大的 w_L^* 和 b_L^*，进而得到矩阵 $[g_1^*,g_2^*,\cdots,g_L^*]$

20 Break（到达步骤 24）
21 else
22 随机取 $\tau \in (0,1-r)$，更新 $r:r=r+\tau$，返回步骤 7
23 end if
24 end for
25 计算最优输出权值$[\beta_1^*,\beta_2^*,\cdots,\beta_L^*]=\underset{\beta}{\arg\min}\left\| f-\sum_{j=1}^{L}\beta_j g_j(w_j^{\mathrm{T}}X+b_j)\right\|$
26 计算输出误差 $e_L=e_{L-1}-(\beta_L^*)^{\mathrm{T}}g_L^*$；
27 更新 $e_0:e_0=e_{L-1}$；$L:L=L+1$；
28 end while
29 end for
30 Return $\beta_1^*,\beta_2^*,\cdots,\beta_L^*$；$\boldsymbol{w}^*=[w_1^*,w_2^*,\cdots,w_L^*]$；$\boldsymbol{b}^*=[b_1^*,b_2^*,\cdots,b_L^*]$
31 将 P 个基学习器模型 $\theta_l(x)$ 进行组合，得到集成学习器 $R(X)=\frac{1}{P}\sum_{l=1}^{P}\theta_1(x)$

本章采 Bagging－SCNs 算法来对短期负荷进行预测。Bagging－SCNs 短期负荷预测流程如图 6.6 所示。首先将原始训练数据进行划分，得到训练集和测试集，其次通过 Bootstrap 法对训练集进行重采样得到 P 个互不相同的训练子集，然后针对每一个训练子集选用 SCNs 作为基学习器进行训练，最后将所有单个 SCNs 基学习器的输出取平均值作为模型最终的输出，并通过测试集对 Bagging－SCNs 算法的预测效果进行评估。

6.5 算例分析

6.5.1 数据源

本节所采用的数据是南方某市 2002 年 11 月 1 日至 2003 年 8 月 31 日，共计 304 天的日负荷数据。每天从 0:00 至 23:45，每隔 15 min 采集一次数据，每天共计 96 个采样点。短期负荷的影响因素本章主要考虑天气、最高温度、最低温度、星期类型，时间跨度均为 2002 年 11 月 1 日至 2003 年 8 月 31 日。经过对天气的编码，将天气分解为晴、多云、阴、雾、雷阵雨、小雨、中雨、大雨、暴雨、雨夹雪、小雪,具体编码方式在6.4节已进行详细介绍,这里不再赘述,经过这种分解将原本一维的天气数据展开成11维的天气数据,这样影响因素就从4维扩展到14维,数据源如表6.1所示。

表6.1　短期负荷预测数据源

日期	0:00	0:15	…	23:30	23:45	星期	天气	最高温/℃	最低温/℃
2002/11/1	1 392.11	1 438.94	…	1 572.50	1 501.42	周五	阴到晴	13	4
2002/11/2	1 456.72	1 447.84	…	1 475.82	1 537.52	周六	晴到多云	16	6
2002/11/3	1 421.65	1 472.95	…	1 417.93	1 427.25	周日	晴	14	5
2002/11/4	1 412.48	1 409.32	…	1 553.63	1 535.78	周一	晴	16	2
2002/11/5	1 433.03	1 464.24	…	1 558.81	1 483.74	周二	晴	21	6
2002/11/6	1425.53	1 444.26	…	1 536.27	1 481.44	周三	晴到多云	22	8
2002/11/7	1464.52	1 454.98	…	1 491.11	1 465.91	周四	晴	20	5
2002/11/8	1 477.46	1 468.21	…	1 539.01	1 551.43	周五	晴	14	3
2002/11/9	1 529.86	1 493.81	…	1 553.77	1 468.20	周六	晴到多云	19	7
⋮	⋮	⋮		⋮	⋮	⋮	⋮	⋮	⋮
2003/8/18	1 668.44	1 658.35	…	1 710.38	1 737.25	周一	雷阵雨	30	25
2003/8/19	1 658.94	1 669.29	…	1 770.95	1 763.12	周二	雷阵雨	27	23
2003/8/20	1 764.93	1 737.47	…	1 915.69	1 872.24	周三	阴到多云	31	24
2003/8/21	1 783.52	1 796.91	…	2 018.73	1 979.07	周四	雷阵雨到多云	32	25
2003/8/22	1 994.04	1 942.33	…	2 268.99	2 260.71	周五	晴到多云	35	27
2003/8/23	2 199.71	2 217.70	…	2 440.74	2 377.91	周六	晴到多云	35	27
2003/8/24	2 276.54	2 269.74	…	2 231.53	2 196.11	周日	雷阵雨	35	26
2003/8/25	2 144.71	2 099.47	…	2 108.99	2 121.70	周一	阴到雷阵雨	32	26
2003/8/26	2 011.18	2 011.87	…	2 321.98	2 269.73	周二	多云到雷阵雨	32	26
2003/8/27	2 284.45	2 166.11	…	2 261.36	2 203.31	周三	雷阵雨	34	27
2003/8/28	2 133.17	2 106.84	…	2 433.06	2 385.57	周四	雷阵雨	32	25
2003/8/29	2 255.80	2 267.91	…	1 982.63	1 945.76	周五	雷阵雨到中雨	31	26
2003/8/30	1 873.66	1 865.21	…	1 776.77	1 753.18	周六	中雨	28	24
2003/8/31	1 670.24	1 727.23	…	1 722.32	1 684.49	周日	小雨到阴	29	25

6.5.2 短期负荷预测

短期负荷预测流程如图 6.10 所示。

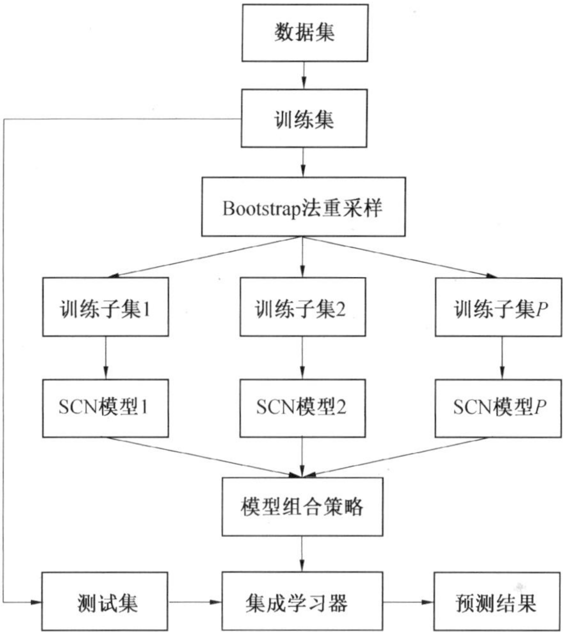

图 6.10 Bagging－SCNs 预测流程

为了验证本章所提基于 Bagging－SCNs 的短期负荷预测方法在日负荷预测中的有效性，以 2002 年 11 月 1 日至 2003 年 8 月 30 日 15 min 一采集的 303 天日负荷数据作为训练集，利用 Bagging－SCNs 算法建立短期负荷预测模型，对 2003 年 8 月 31 日的日负荷数据进行预测。通过数据预处理，对训练集中缺失的数据进行平均值填补，同时对天气及星期类型进行编码，将天气转换为一个 11 维的矩阵。在经过数据预处理的训练集中通过 Bootstrap 法对训练集进行重采样得到多个互不相同的训练子集，然后针对每一个训练子集选用 SCNs 作为基学习器进行训练，最后将所有单个 SCNs 基学习器的输出取平均值作为模型最终的输出，并通过测试集对 Bagging－SCNs 算法的预测效果进行评估。所提算法采用 Python 语言进行编程。

本章误差评价指标采用平均绝对百分误差（MAPE）及均方根误差（RMSE）。平均绝对百分误差的计算公式在第 5 章已经详细列出，本章只列出均方根误差计算公式

$$\mathrm{RMSE}=\sqrt{\frac{1}{n}\sum_{i=1}^{n}(\hat{y}_i-y_i)^2} \tag{6.9}$$

式中，y_i 为第 i 个样本的实际值；$\hat{y}$ 为第 i 个样本的预测值；n 为样本点的个数。

为了验证本章所提方法有效性，Bagging－SCNs、SCNs、LSTM 均采用 230 个隐藏层神经元。SCNs 具体的参数设置如下：误差容忍度 tol 为 0.001；随机配置最大次数 $T_{\max}$ 为 100；最大隐含节点个数 $L_{\max}$ 设置为 300；随机权重范围 Lambdas 为[0.1,0.15,0.2,…,10]。根据预测的平均绝对百分误差 MAPE 来评估模型。

在进行日负荷预测时，首先需要对每个基学习器 SCNs 进行训练，训练的标准采用均方根误差 RMSE，基学习器 SCNs 的隐含层神经元个数与模型训练误差关系如表 6.2 及图 6.11 所示。从图 6.11 中可以看出，随着隐含层神经元个数的增加，SCNs 的训练误差 RMSE 首先急剧下降，然后缓慢下降，最后趋于平稳。出现平稳的原因是此时已经达到预设的精度要求，SCNs 在隐含节点个数为 230 时就退出训练，未达到预设模型，即 300 个隐含节点，此时训练误差 RMSE 为 0.269 7。

表 6.2　SCNs 隐含节点个数与对应的训练误差

隐含节点个数／个	1	2	3	4	5	6	7	8	9	10	11	12	13	14
RMSE/%	3.96	2.20	1.83	1.74	1.66	1.61	1.58	1.54	1.53	1.50	1.49	1.45	1.44	1.43

隐含节点个数／个	15	16	17	18	19	20	21	22	23	…	50	51	52	53
RMSE/%	1.41	1.36	1.34	1.33	1.29	1.27	1.24	1.23	1.20	…	0.78	0.78	0.77	0.76

隐含节点个数／个	54	55	56	57	58	59	60	61	62	63	…	150	151	152
RMSE/%	0.75	0.74	0.73	0.73	0.72	0.71	0.71	0.71	0.71	0.70	…	0.46	0.45	0.45

隐含节点个数／个	153	154	155	156	157	158	159	160	161	162	163	…	217	218	219
RMSE/%	0.45	0.45	0.44	0.44	0.44	0.44	0.43	0.43	0.43	0.43	0.43	…	0.30	0.30	0.30

隐含节点个数／个	220	221	222	223	224	225	226	227	228	229	230	…	297	298	299	300
RMSE/%	0.30	0.29	0.29	0.29	0.29	0.28	0.28	0.28	0.28	0.28	0.28	…	0.27	0.27	0.27	0.27

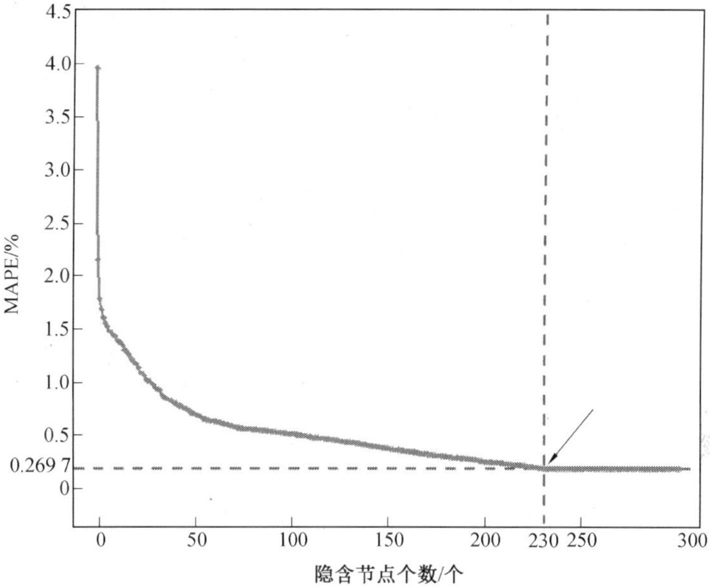

图 6.11　SCNs 隐含节点个数与训练误差关系曲线

基学习器 SCNs 的个数与模型输出误差的关系曲线如表 6.3 及图 6.12 所示。

表 6.3　基学习器 SCNs 个数与对应误差

SCNs 个数 / 个	1	2	3	4	5	6	7	8	9	10	11	12	13	14
MAPE/%	4.69	3.90	2.60	1.50	0.67	0.41	0.42	3.12	3.16	3.27	3.26	3.27	3.16	3.14

SCNs 个数 / 个	15	16	17	18	19	20	…	60	61	62	63	64	65	66
MAPE/%	3.12	3.10	3.09	3.04	3.01	2.90	…	0.86	0.87	0.83	0.86	0.93	0.94	0.86

SCNs 个数 / 个	67	68	69	70	71	72	73	…	90	91	92	93	94	95
MAPE/%	0.97	0.95	0.94	1.02	1.06	1.19	1.24	…	1.26	1.25	1.23	1.20	1.16	1.14

SCNs 个数 / 个	96	97	98	99	100	101	102	103	…	120	121	122	123	124
MAPE/%	1.10	1.11	1.11	1.12	1.13	1.14	1.16	1.14	…	1.12	1.13	1.12	1.11	1.07

SCNs 个数 / 个	125	126	127	128	129	130	131	132	133	…	144	145	146	147	148	149	150
MAPE/%	1.05	1.04	1.04	1.04	1.02	1.02	1.01	1.01	1.02	…	1.04	1.05	1.06	1.08	1.02	1.05	1.06

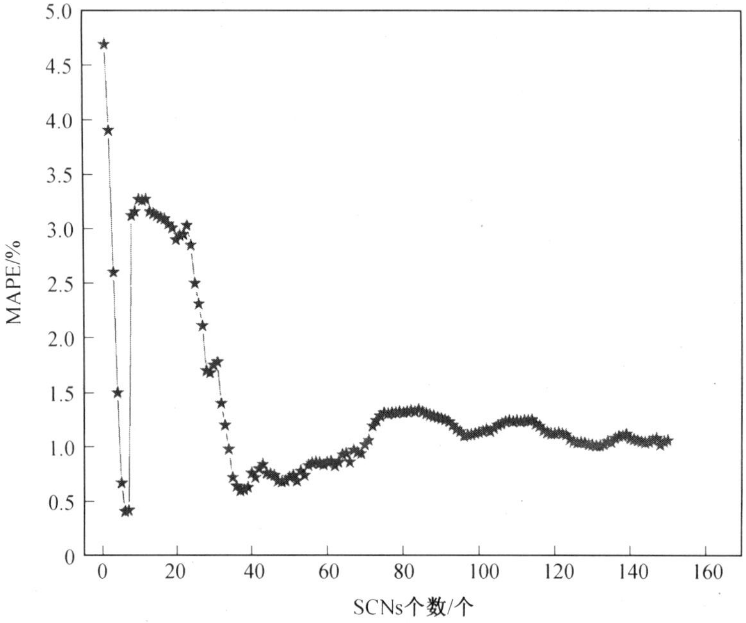

图 6.12　基学习器 SCNs 个数与误差关系曲线

从图 6.12 中可以看出，当 SCNs 个数在 130 左右时，模型的平均绝对百分误差在 1.04% 左右，且趋于稳定。但 SCNs 基学习器个数较多时，会导致计算量迅速增加，预测所需时间更长。在综合考虑建模速度和预测误差的情况下，选取 60 个 SCNs 基学习器构建 Bagging－SCNs 预测模型，同时根据图 6.11，SCNs 在隐含节点个数为 230 时达到预设精度要求，因此每个基学习器的隐含层神经元的个数设置为 230，最大预选神经元的个数设置为 100。此外，基学习器 SCNs 隐含节点的增加方式为每次只增加一个。

6.5.3　预测结果分析

模型训练完毕后，通过测试集对模型进行评价。以 2003 年 8 月 31 日的星期类型数据、经过编码后的天气数据、最高温度、最低温度，共计 303 个 14 维的数据作为预测的输入，输出为 2003 年 8 月 31 日 0:00 至 23:45 间隔 15 min 的 96 个日负荷预测数据。分别采用 LSTM 神经网络、SCNs、Bagging－SCNs 进行基于 Python 语言的算法编程然后进行日负荷预测。

(1)LSTM 神经网络日负荷预测。

采用 LSTM 神经网络进行日负荷预测的结果如表 6.4 及图 6.13 所示。

表 6.4 LSTM 神经网络日负荷预测结果

时刻点	1	2	3	4	5	6	7	8
实际值/MW	1 670.237	1 727.225	1 666.810	1 606.532	1 595.258	1 584.990	1 589.793	1 577.691
LSTM 神经网络预测值/MW	1 512.183	1 630.764	1 513.136	1 618.781	1 492.759	1 765.421	1 517.605	1 511.568
时刻点	9	10	11	12	13	14	15	16
实际值/MW	1 521.267	1 559.544	1 518.912	1 565.776	1 578.809	1 511.201	1 523.337	1 578.931
LSTM 神经网络预测值/MW	1 407.910	1 799.376	1 701.368	1 491.935	1 324.586	1 403.762	1 515.746	1 568.625
时刻点	17	18	19	20	21	22	23	24
实际值/MW	1 605.289	1 610.794	1 551.955	1 581.288	1 607.437	1 552.656	1 625.123	1 660.851
LSTM 神经网络预测值/MW	1 294.880	1 510.154	1 506.080	1 551.469	1 196.337	1 306.738	1 513.289	1 535.441
时刻点	25	26	27	28	29	30	31	32
实际值/MW	1 656.978	1 629.187	1 708.009	1 714.392	1 696.997	1 739.926	1 759.55	1 805.563
LSTM 神经网络预测值/MW	1 618.153	1 565.979	1 671.300	1 524.192	1 817.145	1 817.145	1 613.286	1 663.248
时刻点	33	34	35	36	37	38	39	40
实际值/MW	1 825.35	1 834.976	1 817.658	1 930.113	1 922.864	1 955.914	1 999.076	2 014.565
LSTM 神经网络预测值/MW	1 850.693	1 840.462	1 836.407	1 617.919	1 890.380	1 907.205	1 893.731	2 205.398

续表6.4

时刻点	41	42	43	44	45	46	47	48
实际值/MW	2 079.348	2 017.85	2 065.041	2 093.663	2 079.774	2 052.43	1 999.819	1 900.732
LSTM神经网络预测值/MW	2 247.198	2 063.101	2 724.193	2 025.270	2 190.465	2 006.450	2 139.768	2 437.684
时刻点	49	50	51	52	53	54	55	56
实际值/MW	1 922.148	1 948.828	1 853.252	1 925.407	1 928.867	1 879.876	1 955.661	1 929.695
LSTM神经网络预测值/MW	2 016.418	2 009.383	1 847.206	2 179.116	1 719.634	2 716.970	2 129.767	2 155.918
时刻点	57	58	59	60	61	62	63	64
实际值/MW	1 951.458	1 959.613	1 903.359	1 942.215	1 986.953	1 924.982	1 961.467	2 004.062
LSTM神经网络预测值/MW	2 118.220	2 025.818	2 224.088	2 210.652	2 210.652	1 932.662	2 073.007	2 340.318
时刻点	65	66	67	68	69	70	71	72
实际值/MW	2 012.425	1 976.15	2 102.261	2 087.795	2 158.612	2 212.18	2 117.512	2 128.015
LSTM神经网络预测值/MW	2 340.318	2 250.822	2 155.790	1 957.546	2 180.255	2 269.843	2 088.947	2 216.770
时刻点	73	74	75	76	77	78	79	80
实际值/MW	2 123.415	2 094.338	2 048.476	2 142.963	2 174.144	2 206.958	2 153.101	2 191.928
LSTM神经网络预测值/MW	2 216.770	2 151.554	2 443.211	2 210.907	2 237.474	2 183.479	2 178.894	2 724.295

续表6.4

时刻点	81	82	83	84	85	86	87	88
实际值/MW	2 179.142	2 104.392	2 108.522	2 053.802	2 047.484	2 059.786	2 043.237	1 927.574
LSTM 神经网络预测值 /MW	1 682.189	2 156.955	2 113.950	1 956.977	2 097.938	2 046.566	2 180.596	2 057.850
时刻点	89	90	91	92	93	94	95	96
实际值/MW	1 918.283	1 886.729	1 803.69	1 779.24	1 780.405	1 750.887	1 722.318	1 684.485
LSTM 神经网络预测值 /MW	1 972.867	1 849.501	1 628.629	1 180.110	1 285.169	1 488.601	1 741.401	1 399.950

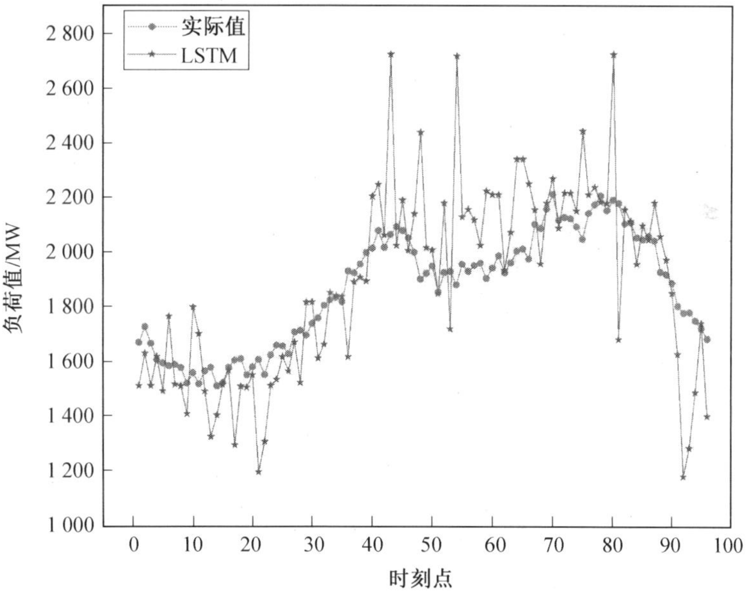

图 6.13 LSTM 神经网络预测结果

由表 6.4 可知 2003 年 8 月 31 日的实际日平均负荷为 1 866.975 MW，采用 LSTM 神经网络预测的日平均负荷为 1 884.507 MW，MAPE 为 0.94%。由图 6.13 可知，LSTM 神经网络虽然在日平均负荷预测上表现较好，但个别时刻点预测效果不理想，预测值与实际值吻合程度较低，但预测值的整体趋势与实际值的趋势接近，为了更直观地查看各时刻点对应的预测值与实际值的吻合程度，针对 LSTM 神经网络预测值与实际值做了散点图，如图 6.14 所示，图中对角线表示预测值等于实际值，预测精度越高，图中的点距离对角线越近。从图 6.14 中可以看出，大多数预测值与实际值较为接近，个别预测误差较大的主要集中于中间部分，造成中间部分时刻点所对应的预测值误差大的原因是在预测的时候出现了梯度爆炸，降低了预测精度。这与图 6.13 中第 40 ～ 80 时刻点所反映的预测值与实际值吻合程度低相一致。

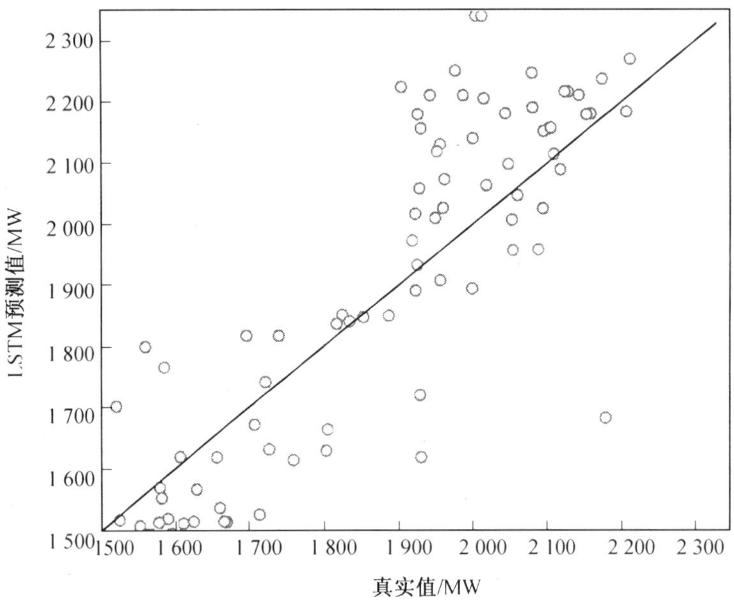

图 6.14　LSTM 神经网络预测值与实际值散点图

（2）SCNs 日负荷预测。

采用单一 SCNs 进行日负荷预测的结果如表 6.5 及图 6.15 所示。

表 6.5　SCNs 日负荷预测结果

时刻点	1	2	3	4	5	6	7	8
真实值 /MW	1 670.237	1 727.225	1 666.810	1 606.532	1 595.258	1 584.990	1 589.793	1 577.691
SCNs 预测值 /MW	1 567.231	1 508.124	1 573.968	1 474.212	1 477.404	1 483.334	1 534.062	1 448.651

续表6.5

时刻点	9	10	11	12	13	14	15	16
真实值/MW	1 559.544	1 518.912	1 565.776	1 578.809	1 511.201	1 523.337	1 578.931	1 605.289
SCNs 预测值 /MW	1 574.644	1 478.798	1 474.66	1 439.489	1 422.41	1 480.956	1 391.731	1 529.194
时刻点	17	18	19	20	21	22	23	24
真实值/MW	1 610.794	1 551.955	1 581.288	1 607.437	1 552.656	1 625.123	1 660.851	1 656.978
SCNs 预测值 /MW	1 579.315	1 516.906	1 474.004	1 482.535	1 590.494	1 563.671	1 500.347	1 616.062
时刻点	25	26	27	28	29	30	31	32
真实值/MW	1 629.187	1 708.009	1 714.392	1 696.997	1 739.926	1 759.55	1 805.563	1 825.35
SCNs 预测值 /MW	1 560.127	1 534.207	1 644.42	1 544.382	1 487.55	1 665.823	1 550.342	1 704.357
时刻点	33	34	35	36	37	38	39	40
真实值/MW	1 834.976	1 817.658	1 930.113	1 922.864	1 955.914	1 999.076	2 014.565	2 079.348
SCNs 预测值 /MW	1 676.141	1 734.254	1 732.289	1 658.768	1 738.658	1 845.98	1 684.148	1 901.073
时刻点	41	42	43	44	45	46	47	48
真实值/MW	2 017.85	2 065.041	2 093.663	2 079.774	2 052.43	1 999.819	1 900.732	1 922.148
SCNs 预测值 /MW	1 845.917	1 946.912	1 893.373	1 978.669	1 961.976	1 862.943	1 845.552	1 908.673
时刻点	49	50	51	52	53	54	55	56
真实值/MW	1 948.828	1 853.252	1 925.407	1 928.867	1 879.876	1 955.661	1 929.695	1 951.458
SCNs 预测值 /MW	2 024.471	1 920.914	1 811.271	1 883.001	1 904.303	1 920.605	2 057.772	2 045.2

续表6.5

时刻点	57	58	59	60	61	62	63	64
真实值/MW	1 959.613	1 903.359	1 942.215	1 986.953	1 924.982	1 961.467	2 004.062	2 012.425
SCNs预测值/MW	1 947.867	1 978.236	1 923.842	2 090.956	1 986.38	2 108.849	2 015.701	2 139.344
时刻点	65	66	67	68	69	70	71	72
真实值/MW	1 976.15	2 102.261	2 087.795	2 158.612	2 212.18	2 117.512	2 128.015	2 123.415
SCNs预测值/MW	2 202.302	2 119.553	2 074.114	2 215.109	2 201.171	2 244.241	2 150.669	2 115.495
时刻点	73	74	75	76	77	78	79	80
真实值/MW	2 094.338	2 048.476	2 142.963	2 174.144	2 206.958	2 153.101	2 191.928	2 179.142
SCNs预测值/MW	2 264.527	2 032.797	2 211.51	2 008.037	2 104.095	2 136.721	2 253.74	2 119.15
时刻点	81	82	83	84	85	86	87	88
真实值/MW	2 104.392	2 108.522	2 053.802	2 047.484	2 059.786	2 043.237	1 927.574	1 918.283
SCNs预测值/MW	2 216.46	2 250.222	2 103.183	2 052.046	2 238.885	2 293.538	2 143.317	2 173.829
时刻点	89	90	91	92	93	94	95	96
真实值/MW	1 886.729	1 803.69	1 779.24	1 780.405	1 750.887	1 722.318	1 684.485	1 803.69
SCNs预测值/MW	1 934.298	2 114.662	2 057.878	1 859.49	1 970.032	1 888.229	1 884.907	1 846.169

由表 6.5 可知，2003 年 8 月 31 日采用 SCNs 预测的日平均负荷为 1 847.165 MW，MAPE 为1.06%。由图6.15可知，SCNs虽然在日平均负荷预测上较为精准，误差仅有 1.06%，但每一个时刻点预测值与实际值吻合程度偏低，且震荡幅度较大，但预测值的整体趋势与实际值的趋势接近。为了更直观地查看各时刻点对应的预测值与实际值的吻合程度，针对 SCNs 预测值与实际值做了散点图，如图 6.16 所示。从图中可以看出，大多数预测值与实际值接近，但有一部分预测值与实际值偏差较大，这与图 6.15 中预测值震荡幅度大的分析结果一致。造成这种现象的原因是隐含层神经元个数较多，使 SCNs 结构变得复杂

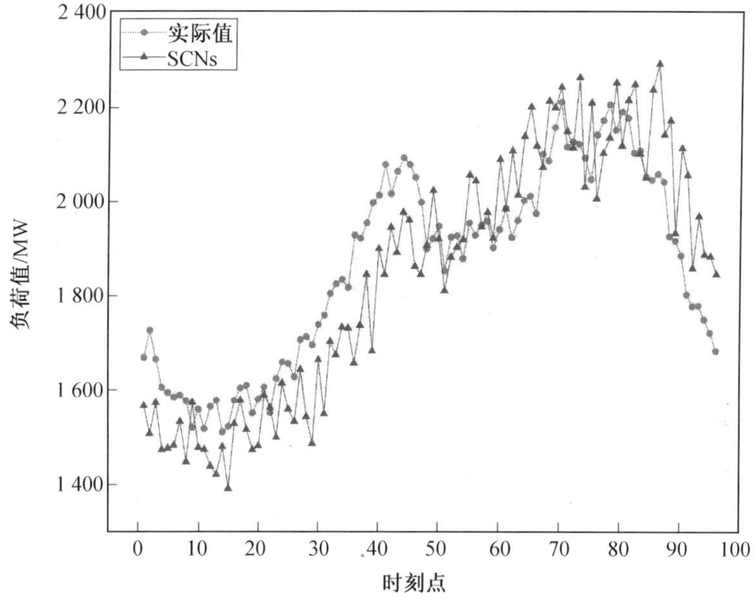

图 6.15 SCNs 预测结果

出现了过拟合，因此为了提升短期负荷预测的精准度，针对单一 SCNs 预测结果的不理想，进一步采用 Bagging－SCNs 提高模型泛化性能。

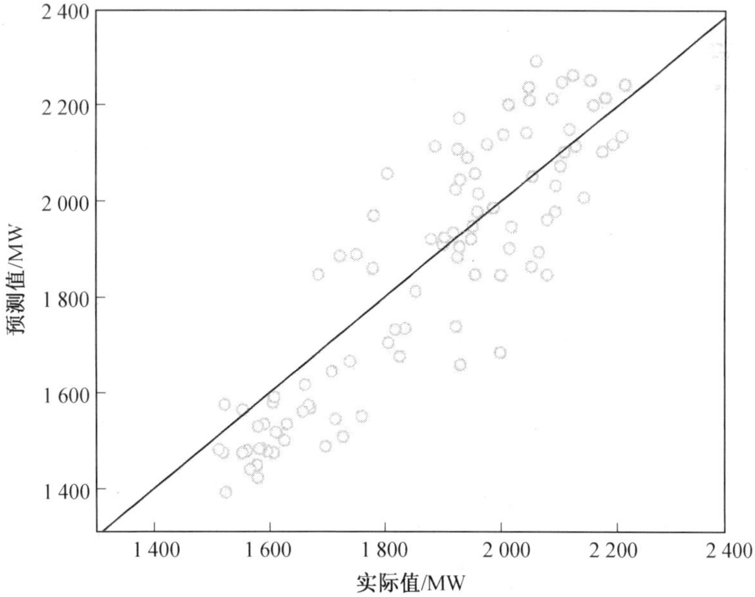

图 6.16 SCNs 预测值与实际值散点图

(3)Bagging—SCNs 日负荷预测。

采用 Bagging—SCNs 进行日负荷预测的结果如表 6.6 及图 6.17、图 6.18 所示。

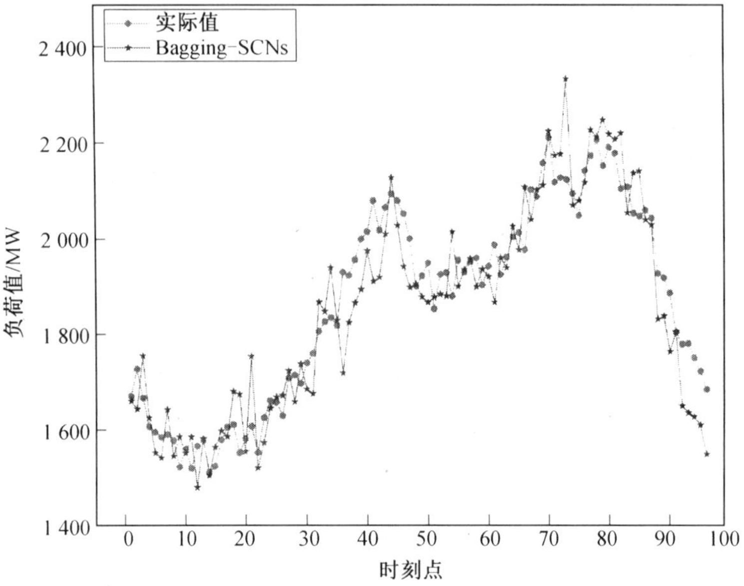

图 6.17　Bagging—SCNs 预测结果

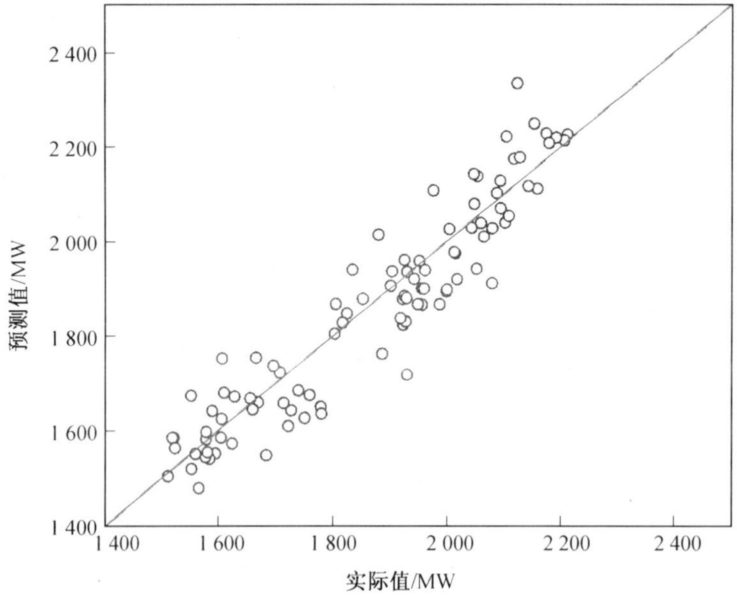

图 6.18　Bagging—SCNs 预测值与实际值散点图

表 6.6 Bagging－SCNs 日负荷预测结果

时刻点	1	2	3	4	5	6	7	8
实际值/MW	1 670.237	1 727.225	1 666.81	1 606.532	1 595.258	1 584.99	1 589.793	1 577.691
Bagging－SCNs 预测值/MW	1 660.001	1 643.241	1 754.631	1 624.978	1 552.218	1 541.154	1 641.798	1 544.67
时刻点	9	10	11	12	13	14	15	16
实际值/MW	1 521.267	1 559.544	1 518.912	1 565.776	1 578.809	1 511.201	1 523.337	1 578.931
Bagging－SCNs 预测值/MW	1 585.06	1 551.185	1 585.256	1 479.045	1 582.093	1 504.199	1 563.478	1 597.756
时刻点	17	18	19	20	21	22	23	24
实际值/MW	1 605.289	1 610.794	1 551.955	1 581.288	1 607.437	1 552.656	1 625.123	1 660.851
Bagging－SCNs 预测值/MW	1 585.858	1 680.233	1 674.008	1 554.754	1 753.179	1 519.579	1 573.108	1 644.907
时刻点	25	26	27	28	29	30	31	32
实际值/MW	1 656.978	1 629.187	1 708.009	1 714.392	1 696.997	1 739.926	1 759.55	1 805.563
Bagging－SCNs 预测值/MW	1 668.53	1 672.057	1 723.36	1 658.386	1 737.598	1 685.134	1 675.515	1 867.608
时刻点	33	34	35	36	37	38	39	40
实际值/MW	1 825.35	1 834.976	1 817.658	1 930.113	1 922.864	1 955.914	1 999.076	2 014.565
Bagging－SCNs 预测值/MW	1 848.16	1 939.876	1 828.816	1 718.899	1 824.011	1 866.058	1 894.24	1 974.181

续表6.6

时刻点	41	42	43	44	45	46	47	48
实际值/MW	2 079.348	2 017.85	2 065.041	2 093.663	2 079.774	2 052.43	1 999.819	1 900.732
Bagging－SCNs 预测值 /MW	1 911.331	1 919.559	2 009.88	2 128.35	2 027.961	1 941.9	1 897.872	1 905.226
时刻点	49	50	51	52	53	54	55	56
实际值/MW	1 922.148	1 948.828	1 853.252	1 925.407	1 928.867	1 879.876	1 955.661	1 929.695
Bagging－SCNs 预测值 /MW	1 878.131	1 867.343	1 878.531	1 884.069	1 880.2	2 014.334	1 900.101	1 935.116
时刻点	57	58	59	60	61	62	63	64
实际值/MW	1 951.458	1 959.613	1 903.359	1 942.215	1 986.953	1 924.982	1 961.467	2 004.062
Bagging－SCNs 预测值 /MW	1 958.188	1 899.636	1 936.221	1 920.358	1 867.06	1 959.992	1 938.713	2 026.299
时刻点	65	66	67	68	69	70	71	72
实际值/MW	2 012.425	1 976.15	2 102.261	2 087.795	2 158.612	2 212.18	2 117.512	2 128.015
Bagging－SCNs 预测值 /MW	1 976.779	2 107.82	2 040.206	2 102.347	2 111.396	2 225.551	2 174.571	2 177.83
时刻点	73	74	75	76	77	78	79	80
实际值/MW	2 123.415	2 094.338	2 048.476	2 142.963	2 174.144	2 206.958	2 153.101	2 191.928
Bagging－SCNs 预测值 /MW	2 334.762	2 070.001	2 079.446	2 117.084	2 227.85	2 213.202	2 248.862	2 219.064

续表6.6

时刻点	81	82	83	84	85	86	87	88
实际值/MW	2 179.142	2 104.392	2 108.522	2 053.802	2 047.484	2 059.786	2 043.237	1 927.574
Bagging－SCNs 预测值/MW	2 208.011	2 221.289	2 054.12	2 137.925	2 142.186	2 039.229	2 028.836	1 831.147
时刻点	89	90	91	92	93	94	95	96
实际值/MW	1 918.283	1 886.729	1 803.69	1 779.24	1 780.405	1 750.887	1 722.318	1 684.485
Bagging－SCNs 预测值/MW	1 838.074	1 763.144	1 805.327	1 650.696	1 635.956	1 626.955	1 609.911	1 548.61

由表 6.6 可知 2003 年 8 月 31 日采用 Bagging－SCNs 预测的日平均负荷为 1 854.514 MW，MAPE 为 0.67%。由图 6.17 可知，Bagging－SCNs 在日平均负荷预测上十分精准，误差仅有 0.67%，且每一个时刻点预测值与实际值吻合程度较高，预测值的整体趋势与实际值的趋势较为接近。为了更直观地查看各时刻点对应的预测值与实际值的吻合程度，针对 Bagging－SCNs 预测值与实际值做了散点图，如图 6.18 所示。从图 6.18 中可以看出，预测值与实际值接近，预测值大多集中于对角线附近，但个别时刻点预测值与实际值偏差较大。综上所述，Bagging－SCNs 预测方法在日负荷预测上精度较高。

短期负荷预测各方法综合对比如图 6.19 所示，由图 6.19 可知，LSTM 神经网络预测方法预测精度最低，与实际值贴合程度较低，但预测值的整体趋势与实际值基本一致；SCNs 预测方法的预测精度比 LSTM 神经网络预测方法预测精度高，与实际值较为贴合，但各时刻点的预测值震荡幅度较大，出现了过拟合的情况，预测值的整体趋势与实际值略有出入但也基本一致；Bagging－SCNs 预测方法的预测精度比 SCNs 预测方法预测精度高，与实际值贴合程度更高，各时刻点的预测值震荡幅度较低，预测值的整体趋势与实际值一致。在日平均负荷预测上，相较于 LSTM 神经网络及 SCNs，Bagging－SCNs 在 MAPE 指标上分别提升 3.46% 和 0.39%，实验结果表明 Bagging－SCNs 预测结果较优。

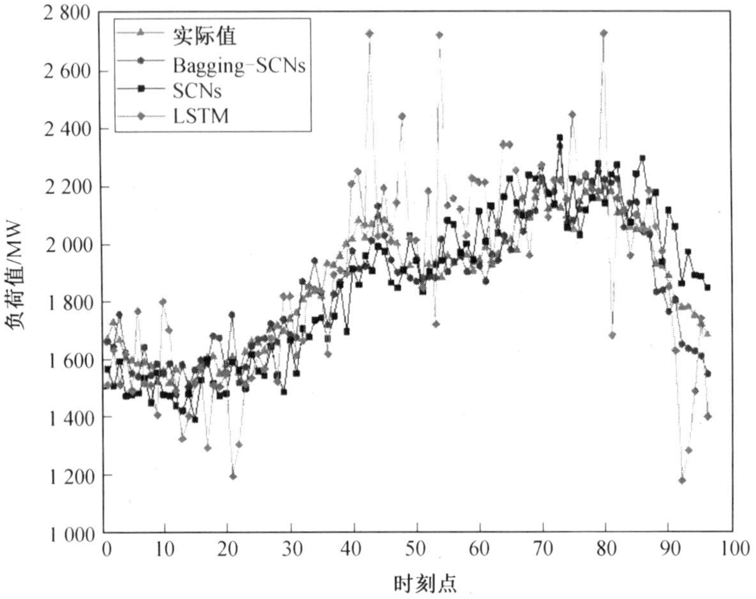

图 6.19　各方法预测值与真实值曲线

6.6　本章小结

本章提出了基于 Bagging－SCNs 的短期负荷预测方法，采用 Bagging 算法将多个 SCNs 进行集成，避免了单个 SCNs 由于隐含层神经元个数的增加，导致网络结构变得复杂模型易出现过拟合的问题，提高了模型的泛化性能。并通过实际算例与 LSTM 神经网络及 SCNs 预测方法进行对比，验证了本章所提方法在提高模型泛化性能上的有效性和预测的准确性。

参考文献

[1] 赵允文,李鹏,孙煜皓,等. 基于相空间重构和随机配置网络的电力负荷短期预测[J]. 电力建设,2021,42(9):120-128.

[2] 吉平,周孝信,宋云亭. 区域可再生能源规划模型述评与展望[J]. 电网技术,2013,37(8):2071-2079.

[3] 张磊,罗毅,罗恒恒. 基于集中供热系统储热特性的热电联产机组多时间尺度灵活性协调调度[J]. 中国电机工程学报,2018,38(4):985-998.

[4] 吕泉,姜浩,陈天佑. 基于电锅炉的热电厂消纳风电方案及其国民经济评价[J]. 电力系统自动化,2014,38(1):6-12.

[5] GU W, WANG Z H, WU Z, et al. An online optimal dispatch schedule for CCHP microgrids based on model predictive control [J]. IEEE transactions on smart grid, 2016, 8(5): 2332-2342.

[6] ZHOU Y F, HU W, MIN Y, et al. Integrated power and heat dispatch considering available reserve of combined heat and power units [J]. IEEE transactions on sustainable energy, 2019, 10(3): 1300-1310.

[7] WANG D, LI M. Stochastic configuration networks: fundamentals and algorithms[J]. IEEE transactions on cybernetics, 2017, 47(10): 3466-3479.

[8] 郭丰慧,胡林献,周升彧. 基于二级热网储热式电锅炉调峰的弃风消纳调度模型[J]. 电力系统自动化,2018,42(19):50-56.

[9] LIU B, MENG K, DONG Z Y, et al. Optimal dispatch of coupled electricity and heat system with independent thermal energy storage [J]. IEEE transactions on power systems, 2019, 34(4): 3250-3263.

[10] ZHANG R F, JIANG T, Li G Q, et al. Day-ahead scheduling of multi-carrier energy systems with multi-type energy storages and wind power [J]. Power and energy systems, 2018, 4(3): 283-292.

[11] 张文韬,王秀丽,李言. 大规模风电并网下多区域互联系统热电综合调度

模型[J]. 电网技术,2018,42(1):154-161.
[12] 戴远航,陈磊,闵勇. 风电场与含储热的热电联产联合运行的优化调度[J]. 中国电机工程学报,2017,37(12):3470-3479.
[13] 吕泉,陈天佑,王海霞. 配置储热后热电机组调峰能力分析[J]. 电力系统自动化,2014,38(11):34-41.
[14] 张丽英,叶廷路,辛耀中. 大规模风电接入电网的相关问题及措施[J]. 中国电机工程学报,2010,30(25):1-9.
[15] GONZALEZ J P, ROQUE A M S, PEREZ E A. Forecasting functional time series with a new hilbertian ARMAX model: application to electricity price forecasting[J]. IEEE transactions on power systems, 2018, 33(1): 545-556.
[16] WANG Y, CHEN Q, HONG T, et al. Review of smart meter data analytics: applications, methodologies, and challenges[J]. IEEE transactions on smart grid, 2019, 10(3): 3125-3148.
[17] WU D, WANG B, PRECUP D, et al. Multiple kernel learning-based transfer regression for electric load forecasting[J]. IEEE transactions on smart grid, 2020, 11(2): 1183-1192.
[18] MACAIRA P M, SOUSA R C, OLIVEIRA F L O. Forecasting Brazil's electricity consumption with Pegels exponential smoothing techniques[J]. IEEE latin america transactions, 2016, 14(3): 1252-1258.
[19] KAVAKLIOGLU K, CEYLAN H, OZTURK H K, et al. Modeling and prediction of Turkey's electricity consumption using artificial neural networks[J]. Energy Cconversion & management, 2009, 50(11): 2719-2727.
[20] PACHAURI R K, ALLEN M R, BARROS V R, et al. Contribution of working groups Ⅰ, Ⅱ and Ⅲ to the fifth assessment report of the intergovernmental panel on climate change[J]. Journal of romance studies, 2014, 4(2): 85-88.
[21] GHALEHKHONDABI I, ARDJMAND E, WECKMAN G R, et al. An overview of energy demand forecasting methods published in 2005-2015[J]. Energy systems, 2017, 8(12): 411-447.

[22] 刘俊,赵宏炎,刘嘉诚,等. 基于协整－格兰杰因果检验和季节分解的中期负荷预测[J]. 电力系统自动化,2019,43(1):73-80.

[23] 张素香,刘建明,赵丙镇,等. 基于云计算的居民用电行为分析模型研究[J]. 电网技术,2013,37(6):1542-1546.

[24] 贺宜恒,周明,武昭原,等. 国外典型电力平衡市场的运作模式及其对中国的启示[J]. 电网技术,2018,42(11):3520-3528.

[25] GONZALEZ-ROMERA E, JARAMILLO-MORAN M A, CARMONA-FERNANDEZ D. Monthly electric energy demand forecasting with neural networks and fourier series[J]. Energy conversion and management, 2008, 49(11): 3135-3142.

[26] HOBBS B F, JITPRAPAIKULSARN S, KONDA S, et al. Analysis of the value for unit commitment for improved load forecasts[J]. IEEE transactions on power systems, 1999, 14(4): 1342-1348.

[27] 范士雄,李立新,王松岩,等. 人工智能技术在电网调控中的应用研究[J]. 电网技术,2020,44(2):401-411.

[28] 张涛,顾洁. 高比例可再生能源电力系统的马尔科夫短期负荷预测方法[J]. 电网技术,2018,42(4):1071-1078.

[29] 杨德昌,赵肖余,何绍文,等. 面向海量用户用电数据的集成负荷预测[J]. 电网技术,2018,42(9):2923-2929.

[30] CEPERIC E, CEPERIC V, BARIC A. A strategy for short-term load forecasting by support vector regression machines[J]. IEEE transactions on power systems, 2013, 28(4): 4356-4364.

[31] 赵峰,孙波,张承慧. 基于多变量相空间重构和卡尔曼滤波的冷热电联供系统负荷预测方法[J]. 中国电机工程学报,2016,36(2):399-406.

[32] 王大鹏,汪秉文. 基于变权缓冲灰色模型的中长期负荷预测[J]. 电网技术,2013,37(1):167-171.

[33] 郭鸿业,陈启鑫,夏清,等. 考虑经济因素时滞效应的月度负荷预测方法[J]. 电网技术,2016,40(2):514-520.

[34] 张永凯,马欢. 基于TRAMO-SEATS的月售电量预测方法及应用[J]. 电网与清洁能源,2018,34(2):72-78.

[35] 陈晓光,荣爽,关万琳. 促进风电消纳的多源协调调度策略[J]. 黑龙江电力, 2020, 42(06): 480-486.

[36] 田潇潇. 多区域互联电热联合系统协调调度[D]. 武汉：华中科技大学，2019.
[37] 李家珏，李平，王刚. 计及弃风消纳的热电联产系统的日前调度模型[J]. 太阳能学报，2021，42(09)：295-301.
[38] 杨冬锋，徐扬，姜超. 考虑多类型需求响应的电—热联合系统多时间尺度协调调度[J]. 太阳能学报，2021，42(10)：282-289.
[39] 李永光，杨建兵，杜欣慧. 考虑风电消纳的电—热综合能源系统优化运行[J]. 电力电容器与无功补偿，2021，42(05)：228-235.
[40] 杨宇. 计及风电消纳的电热综合能源系统低碳经济调度研究[D]. 秦皇岛：燕山大学，2018.
[41] 袁桂丽，刘骅骐，禹建芳. 含碳捕集热电机组的虚拟电厂热电联合优化调度[J]. 中国电机工程学报，2021，2(11)：58-68.
[42] 陈云，刘东，高飞. 考虑电转气环节氢能精细化利用的区域综合能源系统日前优化调度[J]. 供用电，2021，38(11)：59-67.
[43] 苏阔. 含风电集中供热的电力系统优化调度研究[D]. 大连：大连理工大学，2013.
[44] 代怡重，王晓晶，葛宽宽. 考虑用户满意度的热电储系统日前优化调度[J]. 水力发电，2021，47(12)：92-97+105.
[45] 帅挽澜，朱自伟，李雪萌. 考虑风电消纳的综合能源系统“源—网—荷—储”协同优化运行[J]. 电力系统保护与控制，2021，49(19)：18-26.
[46] TANG J, DING M, LU S, et al. Operational flexibility constrained intraday rolling dispatch strategy for CHP microgrid [J]. IEEE access, 2019, 7: 96639-96649.
[47] ALOMOUSH M I. Optimal combined heat and power economic dispatch using stochastic fractal search algorithm [J]. Modern power systems and clean energy, 2020, 8(2): 276-286.
[48] 王昱洁，孙英楷，韩少卿. 峰谷分时电价时段划分方法研究[J]. 中小企业管理与科技，2020，2(9)：84-87.
[49] 梁静，葛士磊，瞿博阳. 求解电力系统经济调度问题的改进粒子群优化算法[J]. 控制与决策，2020，35(8)：1813-1822.
[50] 帅茂杭，熊国江，胡晓. 基于改进多目标骨干粒子群算法的电力系统环境经济调度[J]. 控制与决策，2021，1(8)：124-133.

[51] 丁宁. 基于DSM的峰谷时段划分及分时电价的研究[D]. 南京：南京理工大学，2002.
[52] 陈林，蔺红，成后炉. 基于附加热源提高风电消纳的电热联合调度[J]. 太阳能学报，2021，42(10)：258-264.
[53] 陈天佑. 基于储热的热电厂消纳风电方案研究[D]. 大连：大连理工大学，2014.
[54] 邱实. 基于负荷侧响应的含储热热电联产的风电消纳研究[D]. 北京：华北电力大学，2019.
[55] 吕泉，陈天佑，王海霞. 含储热的电力系统电热综合调度模型[J]. 电力自动化设备，2014，34(5)：79-85.
[56] 陈磊，徐飞，王晓. 储热提升风电消纳能力的实施方式及效果分析[J]. 中国电机工程学报，2015，35(17)：4283-4290.
[57] 徐飞，闵勇，陈磊. 包含大容量储热的电—热联合系统[J]. 中国电机工程学报，2014，34(29)：5063-5072.
[58] 付中洲，袁铁江，皮霞. 含储热的电热联合系统优化调度模型[J]. 低压电器，2018，1(14)：63-68,78.
[59] 隋玉珊. 考虑储热装置与碳捕集设备的风电消纳低碳经济调度研究[D]. 秦皇岛：燕山大学，2016.
[60] 方劲宇. 储能协调蓄热式电锅炉主动消纳风电方法研究[D]. 北京：华北电力大学，2018.
[61] 杨秋霞，支成，袁冬梅. 基于启停电锅炉与储热装置协调供热的风电消纳低碳经济调度[J]. 太阳能学报，2020，41(9)：8-18.
[62] 崔杨，陈志，严干贵. 基于含储热热电联产机组与电锅炉的弃风消纳协调调度模型[J]. 中国电机工程学报，2016，8(2)：13-25.
[63] 李虹，王晓丹，周晓洁. 基于储热热电机组和电锅炉的风电消纳调度模型[J]. 电力科学与工程，2018，34(1)：7-16.
[64] 王鹤，庄冠群，李国庆. 蓄热式电锅炉融合储能的风电消纳优化控制[J]. 分布式能源，2016，2(2)：7-16.
[65] 王振浩，杨璐，田春光. 考虑风电消纳的风电—电储能—蓄热式电锅炉联合系统能量优化[J]. 中国电机工程学报，2017，37(S1)：137-143.
[66] TENG Y, SUN P, LENG O, et al. Optimal operation strategy for combined heat and power system based on solid electric thermal storage

boiler and thermal inertia [J]. IEEE access, 2019, 7(2): 180761-180770.
[67] SCHOLTEN T, PERSIS C D, TESI P. Modeling and control of heat networks with storage: the single-producer multiple-consumer case [J]. IEEE Transactions on control systems technology, 2017, 25(2): 414-428.
[68] DAI Y. A general model for thermal energy storage in combined heat and power dispatch considering heat transfer constraints [J]. IEEE transactions on sustainable energy, 2018, 9(4): 1518-1528.
[69] HUANG X. Heat and power load dispatching considering energy storage of district heating system and electric boilers [J]. Modern power systems and clean energy, 2018, 6(5): 992-1003.
[70] JIN H G, QI J, XU C, et al. Research on theory and method of distributed cogeneration system with multiple energy complements [J]. Proceedings of the CSEE, 2016, 36(12): 3150-3161.
[71] WANG H, GU C, ZHANG X, et al. Optimal CHP planning in integrated energy systems considering network charges [J]. IEEE systems journal, 2019, 14(2): 2684-2693.
[72] 何尧，刘建华，杨荣华. 人工蜂群算法研究综述[J]. 计算机应用研究，2018，35(5)：1281-1286.
[73] 王琳琳. 群智能算法优化改进及其在电力调度中的应用研究[D]. 长春：长春工业大学，2020.
[74] 蒋伟，陈照光. 基于改进的人工蜂群算法的微电网储能系统容量优化配置[J]. 上海电力大学学报，2021，37(05)：415-421+427.
[75] 董晓. 一种高效的改进人工蜂群算法设计[J]. 现代电子技术，2021，44(22)：179-182.
[76] 王淑芬，原杨飞. 改进的人工蜂群算法求解全局优化问题[J]. 宝鸡文理学院学报(自然科学版)，2021，41(02)：24-30.
[77] ZHANG M, TIAN N, JI Z C. Cellular artificial bee colony algorithm with gaussian distribution [J]. Information sciences, 2018, 462(2): 374-401.
[78] 万鹏飞，高兴宝. 一种解多目标优化问题的基于分解的人工蜂群算法[J].

山东大学学报(理学版)，2018，53(11)：56-66＋77.
[79] LIU B. Economic dispatch of combined heat and power energy systems using electric boiler to accommodate wind power [J]. IEEE access，2020，2(3)：41288-41297.
[80] JIANG T，MIN Y，ZHOU G L，et al. Dispatch model for integrated heat and power systems considering internal composition of CHP plants [J]. Power and energy systems，2021，7(2)：396-407.
[81] 刘莉，王彦博，庞新富，等. 基于STL模型的月售电量综合预测方法[J]. 控制工程，2020，27(11)：1930-1936.
[82] 薛阳，张宁，吴海东，等. 基于UTCI-MIC与振幅压缩灰色模型的用户侧微电网短期负荷预测方法[J]. 电网技术，2020，44(02)：556-563.
[83] 杨云莹，任玉珑，段锴，等. 基于虚拟变量与时间序列法的电量需求预测[J]. 电力需求侧管理，2011，13(5)：17-20.
[84] KRANNICHFELDT L V，WANG L，HUG G. Online ensemble learning for load forecasting[J]. IEEE transactions on power systems，2021，36(1)：545-548.
[85] HINOJOSA V H，HOESE A. Short-term load forecasting using fuzzy inductive reasoning and evolutionary algorithms[J]. IEEE transactions on oower systems，2010，25(1)：565-574.
[86] 程超. 基于时间序列法和回归分析法的改进月售电量预测方法研究[D]. 重庆：重庆大学，2016.
[87] ABDUL-WAHAB S A，BAKHEIT C S，AL-ALAWI S M. Principal component and multiple regression analysis in modelling of ground-level ozone and factors affecting its concentrations[J]. Environmental modelling & software，2005，20(10)：1263-1271.
[88] APRILLIA H，YANG H T，HUANG C M. Statistical load forecasting using optimal quantile regression random forest and risk assessment index[J]. IEEE transactions on smart grid，2021，12(2)：1467-1480.
[89] WANG Y，ZHANG N，TAN Y S，et al. Combining probabilistic load forecasts[J]. IEEE transactions on smart grid，2019，10(4)：3664-3674.
[90] BRACALE A，CARAMIA P，FALCO P D，et al. Multivariate quantile

regression for short-term probabilistic load forecasting[J]. IEEE transactions on power systems, 2020, 35(1): 628-638.

[91] XUN G, JULIAN L C, EDUAROR C, et al. Bottom-up load forecasting with Markov-based error reduction method for aggregated domestic electric water heaters[J]. IEEE transactions on industry applications, 2019, 55(6): 6401-6413.

[92] WANG Y, CHEN Q, ZHANG N, et al. Conditional residual modeling for probabilistic load forecasting[J]. IEEE transactions on power systems, 2018, 33(6): 7327-7330.

[93] 徐晨,曹莉,梁小晓,等. 基于ABC-BP神经网络的用电量预测研究[J]. 计算机测量与控制,2014,22(3):912-914.

[94] 牟宏,王春义,顾洁,等. 基于支持向量—分位数回归的短期负荷预测及风险分析[J]. 电力科学与技术学报,2016,31(3):51-56.

[95] ADAMOWSKI J, CHAN H F, PRASHER S O, et al. Comparison of multiple linear and nonlinear regression, autoregressive integrated moving average, artificial neural network, and wavelet artificial neural network methods for urban water demand forecasting in Montreal, Canada[J]. Water resources research, 2012, 48(1):273-279.

[96] BASHIR A, EL-HAWARY M E. Applying wavelets to short-term load forecasting using PSO-based neural networks[J]. IEEE transactions on power systems, 2009, 24(1): 20-27.

[97] HAQUE A U, MANDAL P, MENG J, et al. Performance evaluation of different optimization algorithms for power demand forecasting applications in a smart grid environment[J]. Procedia computer science, 2012, 12(3): 320-325.

[98] GU T, GUO J, LI Z, et al. Detecting associations based on the multi-variable maximum information coefficient[J]. IEEE access, 2021, 9: 54912-54922.

[99] TAYLOR J W,BUIZZA R. Neural network load forecasting with weather ensemble predictions[J]. IEEE transactions on power systems, 2002, 17(3): 626-632.

[100] SENJYU T, TAKARA H, UEZATO K. One-hour-ahead load forecasting

using neural network[J]. IEEE transactions on power systems, 2002, 17(1): 113-118.

[101] JIANG H, ZHANG Y, MULJADI U, et al. A short-term and high-resolution distribution system load forecasting approach using support vector regression with hybrid parameters optimization[J]. IEEE transactions on smart grid, 2018, 9(4): 3341-3350.

[102] CHEN B J, CHANG M W, LIN C J. Load forecasting using support vector Machines: a study on EUNITE competition 2001[J]. IEEE transactions on power systems, 2004, 19(4): 1821-1830.

[103] 陈浩文,刘文霞,李月乔. 基于奇异谱分析与神经网络的中期负荷预测[J]. 电网技术,2020,44(4):1333-1347.

[104] AFRASIABI M, MOHAMMADI M, RASTRGAR M, et al. Deep-based conditional probability density function forecasting of residential loads[J]. IEEE transactions on smart grid, 2020, 11(4): 3646-3657.

[105] LIU Z, KARAM L J. Mutual information-based analysis of JPEG2000 contexts[J]. IEEE transactions on image processing, 2005, 14(4): 411-422.

[106] 赵腾,王林童,张焰,等. 采用互信息与随机森林算法的用户用电关联因素辨识及用电量预测方法[J]. 中国电机工程学报,2016,36(3):604-614.

[107] 刘强,胡志强,周宇,等. 基于CEEMD和随机森林算法的短期风电功率预测[J]. 智慧电力,2019,47(6):71-76.

[108] 张宇帆,艾芊,林琳,等. 基于深度长短时记忆网络的区域级超短期负荷预测方法[J]. 电网技术,2019,43(6):1884-1892.

[109] 陈振宇,刘金波,李晨,等. 基于LSTM与XGBoost组合模型的超短期电力负荷预测[J]. 电网技术,2020,44(2):614-620.

[110] 姚程文,杨苹,刘泽健. 基于CNN-GRU混合神经网络的负荷预测方法[J]. 电网技术,2020,44(9):3416-3424.

[111] 陆继翔,张琪培,杨志宏,等. 基于CNN-LSTM混合神经网络模型的短期负荷预测方法[J]. 电力系统自动化,2019,43(8):131-137.

[112] 路铁,王民昆. 基于短期负荷预测的超短期负荷预测曲线外推法[J]. 电力系统自动化,2006,30(16):102-104.

[113] 孔祥玉，郑锋，鄂志君，等. 基于深度信念网络的短期负荷预测方法[J]. 电力系统自动化，2018，42(5)：133-139.

[114] 熊图，赵宏伟，陈明辉，等. 基于特征排序与深度学习的母线负荷预测方法[J]. 可再生能源，2019，37(10)：1511-1517.

[115] TAN M，YUAN S，LI S，et al. Ultra-short-term industrial power demand forecasting using LSTM based hybrid ensemble learning[J]. IEEE transactions on power systems，2020，35(4)：2937-2948.

[116] 沈兆轩，袁三男. 利用卷积神经网络支持向量回归机的地区负荷聚类集成预测[J]. 电网技术，2020，44(6)：2237-2244.

[117] 吕海灿，王伟峰，赵兵，等. 基于Wide&Deep-LSTM模型的短期台区负荷预测[J]. 电网技术，2020，44(2)：428-436.

[118] 万昆，柳瑞禹. 区间时间序列向量自回归模型在短期电力负荷预测中的应用[J]. 电网技术，2012，36(11)：77-81.

[119] 麦鸿坤，肖坚红，吴熙辰，等. 基于R语言的负荷预测ARIMA模型并行化研究[J]. 电网技术，2015，39(11)：3216-3220.

[120] 吴潇雨，和敬涵，张沛，等. 基于灰色投影改进随机森林算法的电力系统短期负荷预测[J]. 电力系统自动化，2015，39(12)：50-55.

[121] 程换新，黄震. 基于改进PSO优化RNN的短期电力负荷预测模型[J]. 电子测量技术，2019，42(20)：94-98.

[122] LIU Y，SHI Z，YANG Y，et al. Short-term wind-power prediction based on wavelet transform - support vector machine and statistic-characteristics analysis[J]. IEEE transactions on industry applications，2012，48(4)：1136-1141.

[123] YUN Z，QUAN Z，CAIXIN S，et al. RBF neural network and ANFIS-based short-term load forecasting approach in real-time price environment[J]. IEEE transactions on power systems，2008，23(3)：853-858.

[124] 王增平，赵兵，纪维佳，等. 基于GRU-NN模型的短期负荷预测方法[J]. 电力系统自动化，2019，43(5)：53-62.

[125] 邓带雨，李坚，张真源，等. 基于EEMD-GRU-MLR的短期电力负荷预测[J]. 电网技术，2020，44(2)：593-602.

[126] 贾逸伦，龚庆武，李俊雄，等. 基于CEEMDA与量子粒子支持向量机的电

力负荷组合预测[J]. 电测与仪表,2017,54(1):16-21.
[127] 谢敏,吴亚雄,闫圆圆,等. 基于改进动态自适应模糊Petri网与BP算法的电网故障诊断[J]. 中国电机工程学报,2015,35(12):3008-3017.
[128] 周志华. 机器学习[M]. 北京:清华大学出版社,2016.
[129] ZITZLER E, LAUMANNS M, THIELE L. SPEA2: Improving the strength pareto evoluyionary algorithm [R]. Technical report gloriastrasse, 2001.
[130] 原媛,顾洁,黄薇,等. 互信息在电力系统中长期负荷预测中的应用[J]. 华东电力,2009,37(2):236-239.
[131] 赵雅雪,王旭,蒋传文,等. 基于最大信息系数相关性分析和改进多层级门控LSTM的短期电价预测方法[J]. 中国电机工程学报,2021,41(1):135-146+404.
[132] 傅祖芸. 信息论:基础理论与应用[M]. 4版. 北京:电子工业出版社,2015.
[133] 章晓. 决策树ID3分类算法研究[D]. 杭州:浙江工业大学,2014.
[134] 李莉. 一种改进的ID3算法及其在银行信用卡违约评估中的应用[D]. 武汉:华中科技大学,2019.
[135] 杨红梅. 决策树分类算法及其应用研究[D]. 西安:西安理工大学,2016.
[136] 韩家琪,毛克彪,葛非凡,等. 分类回归树算法在土壤水分估算中的应用[J]. 遥感信息,2018,33(3):46-53.
[137] LIU F, DONG T, HOU T, et al. A hybrid short-term load forecasting model based on improved fuzzy c-means clustering, random forest and deep neural networks[J]. IEEE access, 2021, 9: 59754-59765.
[138] 刘轲. 电力系统短期负荷预测的研究[D]. 兰州:兰州理工大学,2016.
[139] 梁京伟. 电力系统短期负荷预测的研究[D]. 济南:山东大学,2014.
[140] 谢开,汪峰,于尔铿,等. 应用Kalman滤波方法的超短期负荷预报[J]. 中国电机工程学报,1996,16(4):245-249.
[141] 李燕. 负荷的削峰填谷与电网的经济运行[J]. 电工电气,2011,18(5):42-44.
[142] 史佳琪,马丽雅,李晨晨,等. 基于串行-并行集成学习的高峰负荷预测方法[J]. 中国电机工程学报,2020,40(14):4463-4472+4726.
[143] 张素香,赵丙镇,王风雨,等. 海量数据下的电力负荷短期预测[J]. 中国

电机工程学报,2015,35(1):37-42.
[144] 史佳琪,谭涛,郭经,等. 基于深度结构多任务学习的园区型综合能源系统多元负荷预测[J]. 电网技术,2018,42(3):698-706.